FOOD STYLING PRACTICE

푸드스타일링
실무

김진숙 · 김효연 · 유한나 공저

ⓑ (주)백산출판사

식(食)에 관한 관심이 증대되는 가운데 식에 관련된 학문에 대한 관심도 높아지고 있다. 식에 관한 학문이 깊어지고, 영역이 세분화되는 가운데 푸드 스타일리스트, 테이블 코디네이터, 파티 플래너 등의 새로운 전문 직업이 대두됨에 따라 이러한 분야에 대한 체계적이며, 실증적인 연구가 필요한 실정이다. 이에 식에 관한 새로운 영역에 관심이 있는 분들이나 전문가로서 일을 시작하는 학생들에게 도움이 되고자 이 책을 출판하게 되었다.

본 저서는 색채, 푸드스타일링, 테이블 코디네이트, 테이블 매너, 파티 플래닝, 플라워 디자인, 사진 연출 등 다양한 분야의 푸드코디네이션과 관련된 이론과 구체적인 실무 내용을 담고 있다. 푸드코디네이트와 연관된 이론적 능력과 실무, 전문성을 겸비한 교육을 위한 기본 내용을 목적으로 집필하였다. 푸드스타일리스트가 되기 위한 기초교육을 시작으로 앞으로 실증적 실무, 연구를 통해 실무능력과 창조성을 높일 수 있는 초석이 될 수 있기를 바란다. 푸드스타일링을 처음 접하고 어떻게 다가가야 하는지에 대한 화두를 던질 수 있으며, 흥미를 가질 수 있는 책으로 많은 이들의 색채 사용에 도움이 되기를 바란다.

경기대학교 관광전문대학원 나정기, 진양호, 김기영, 김명희, 한경수 교수님, 연성대학교 허정 교수님, SFCA 이종임 원장님께 감사의 마음을 전하고, 디자인 감수를 맡아 진행한 안정민님께 고마움을 전한다.

끝으로 항상 배려를 아끼지 않으시는 백산출판사 진욱상 사장님과 직원 분들께 깊은 감사의 마음을 전한다.

CONTENTS

FOOD
STYLING

PART
1

푸드스타일링
개념

푸드스타일링 개념

1. 푸드스타일링 개념

푸드스타일링Food Styling은 크게는 푸드코디네이트 Food Coordinate의 개념 안에 포함된다고 볼 수 있다. 푸드스타일링은 음식을 맛있어 보이게 하는 비주얼 작업을 하는 행위라고 볼 수 있다. 'FOOD VISUAL'이라고 할 수 있는 작업들은 외식에서의 마케팅 활동으로 활용되고 우리의 일상에서도 음식을 맛있게 보이게 함으로써 식생활을 풍요롭게 하기도 한다.

스타일Style의 사전적 의미는 '여러 요소들이 결합되어 완성된 이미지'이며, 보여지는 비주얼을 표현하고, 조합을 이룬 결과라고 할 수 있다. 푸드스타일Food Style은 푸드스타일링Food Styling을 통해 만들어진 결과물이라고 할 수 있는데, 식기에 음식을 맛있게 담고, 테이블 위에 세팅하여, 사진이나 동영상으로 촬영한 결과물이라고 할 수 있다.

푸드스타일리스트Food Stylist는 푸드 비주얼을 연출하고, 스타일링을 진행하는 전문적인 직업 분야로 정의할 수 있으며, 재조합과 배열을 거쳐 촬영용 요리를 마련하는 전문직이라고 할 수 있다. 요리에 개성과 특징을 부여하여 하나의 캐릭터로 재생산하기도 하며, 그 과정을 통해서 소비자나 독자들에게 음식에 대한 흥미와 관

심을 유발하여, 매출을 증대시키는 역할을 한다. 구체적으로는 광고 출판물의 사진 촬영을 위한 요리를 마련하거나 동영상을 연출하기도 한다. 즉, 음식을 다루는 직업군 중 시각적인 음식을 다루는 직업이라고 할 수 있다. 푸드스타일리스트는 새로운 것을 제안하고 연출하기 위해 주어진 상황 안에서 새로운 것을 만들어 내야 하는데, 이러한 작업과 연출을 위하여, 본인의 감각을 키우기 위한 새로운 발상의 전환이나 훈련을 해야 한다. 이처럼 푸드스타일리스트는 새로운 것을 창조하고 제안하기는 하지만, 내포된 의미에 집중해 있는 내적인 의미의 음악, 미술, 연극과는 다르며, 보여지는 현상에 집중해 있는 외적인 의미의 상업 광고, 대중 예술과는 다르다.

2. 푸드스타일리스트의 활동 영역

우리나라는 아직까지 정확하게 푸드스타일리스트Food Stylist와 푸드코디네이터Food Coordinator의 활동영역이 구분되어 있지는 않다. 그러나 일본의 경우, 푸드스타일리스트와 푸드코디네이터의 영역이 구분되어 하나의 전문 직업으로 자리 잡고 있다. 요즘 우리나라도 일본의 흐름을 반영하고 있는 추세이며, 이에 전문 직종으로 부상하고 있으며 앞으로 정확한 영역의 구분이 이루어질 것이다. 영역을 세분화하자면, 푸드스타일리스트는 음식을 비주얼 부분을 담당하고, 푸드코디네이터는 음식과 외식 관련 비즈니스를 기획하고, 진행하는 일을 담당한다고 할 수 있다.

코디네이트Coordinate의 개념을 먼저 살펴보면 여러 가지의 작은 조각들을 나열하고 정리, 배열하여 새로운 것을 표현하고 만들어 내는 것으로 볼 수 있으며, 푸드코디네이터Food Coordinator 즉, '푸드코디네이트를 하는 사람'을 뜻하는 단어는 음식에 관련된 일과 외식에 관련된 비즈니스들을 조화를 이루어 잘 정리하는 사람이라는 의미를 지닌다.

따라서 이러한 코디네이터와 스타일리스트에 푸드라는 단어가 붙음으로써 음식에 관련된 코디네이트와 스타일링을 진행하는 사람을 뜻한다. 다르게 표현한다면 푸드코디네이터는 음식에 관련된 전반적인 일을 포함하며, 그 역할은 요리 연구가, 테이블 코디네이터, 푸드스타일리스트, 레스토랑 프로듀서, 라이프 코디네이터, 소믈리에, 바리스타, 플로리스트, 그린 코디네이터, 파티 플래너, 유튜브 크리에이터, 푸드 인플루언서, 푸드 에디터 등이 있다.

푸드스타일리스트는 크게 푸드코디네이터의 영역 안에 포함된다고 볼 수 있다. 따라서 상위 개념인 푸드코디네이터의 영역을 이해하고 파악하는 것이 필요하다. 푸드코디네이터는 음식에 관련된 전반적인 일을 담당하는 요리연구가, 테이블 코디네이터, 푸드스타일리스트, 푸드 디스플레이어, 레스토랑 프로듀서, 메뉴개발, 상품개발, 식품기획, 푸드 라이터, 티 인스트럭터, 라이프 코디네이터, 와인 어드바이저, 플라워 코디네이터와 같은 명칭과 세부영역으로 구분되어 있다.

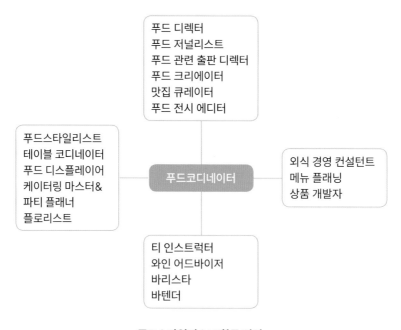

푸드스타일리스트 활동 영역

1) 푸드스타일리스트

푸드스타일리스트는 완성된 요리를 더욱 맛있어 보이고 아름다워 보일 수 있도록 식기에 담는 일과 그 주변의 소품을 준비하는 일을 하는 사람을 말한다. 신문, 잡지, 광고, TV 등과 같은 매스 미디어에서 보여지는 음식의 비주얼에 관련된 일을 담당하기 때문에 스타일리시한 감각과 트렌드에 민감해야 한다. 이러한 작업을 위하여 소품과 요리의 준비와 기획이 뒷받침되어야 한다.

2) 테이블 코디네이터

테이블 위에 세팅되는 모든 소품, 음식, 식기의 색, 소재, 형태를 고려하여 음식을 보다 맛있어 보이도록 식공간을 연출하는 일을 한다. 따라서 단순히 테이블 위에 올라가는 음식에만 초점을 맞추는 것이 아니라 테이블에서 식사를 하는 사람을 고려하여 공간 인테리어, 음악, 조명, 온도 등 영향을 줄 수 있는 모든 것을 고려해야 한다. 최근에는 새로운 트렌드에 따른 테이블 세팅을 외식업체에 제안하는 일까지도 그 영역이 확장되었다.

3) 푸드 디스플레이어

외식업소, 푸드 코트와 같이 음식이 진열될 수 있는 다양한 분야에서 음식을 상품이라는 관점에서 소비자의 눈을 사로잡을 수 있도록 아름답게 연출하여 전시하는 일을 한다. 이러한 작업을 위하여 상품의 진열, 위치, 형태를 고려하여 매장과 소비자 간의 가교 역할을 하고 있다. 또한 음식을 돋보이게 하기 위하여 모든 공간의 내, 외부를 설계하는 일까지도 그 영역이 확장되었다.

4) 케이터링 마스터 & 파티 플래너

파티, 연회를 기획하고 진행하는 포괄적인 작업에서부터 그 안에 나누어져 있는 세부적인 일을 한다. 따라서 특별한 목적을 위한 행사, 이벤트를 위한 메뉴, 서비스 방법, 공간 연출, 스타일링을 포함한 프로듀서라고 할 수 있다.

5) 플라워 코디네이터

꽃이라는 하나의 재료를 이용하여 공간, 혹은 특정한 시각적 작업을 진행하는 일을 한다. 음식과 어울리는 꽃을 선별하여 음식이 설치되는 곳의 분위기, 혹은 연출되는 스타일링을 파악하여 꽃과 음식의 조화를 이루도록 하는 일을 진행하기도 한다.

최근 파티나 웨딩에는 플라워가 아주 중요한 요소가 되었다. 분위기, 테마 연출에 탁월한 역할을 해주며, 컬러 콘셉트를 표현하기에 적절하고, 자연친화적인 연출을 할 수 있는 장점이 있다.

6) 푸드 관련 출판 디렉터

요리가 들어가는 책, 잡지 등의 출판물을 구성하고 연출하는 일을 한다. 책의 전반적인 기획을 통해 작가가 전달하고자 하는 내용을 소비자에게 어떠한 방법을 통해 전달해야 할 것인가부터 사진 촬영과 전반적인 진행의 방향, 흐름에 이르기까지 총괄하여 담당한다. 음식에 대한 이해를 베이스로 가지고 있는 기획자를 통해야 음식에 대한 정확한 정보 전달이 가능하기 때문에 최근 들어 필요성이 부각되고 있다.

7) 푸드 저널리스트

음식에 관련된 기사를 작성하고 리포트 하는 일을 한다. 일반적으로 어딘가에 소속되기보다는 프리랜서로 일을 하는 경우가 많다. 음식에 대한 이해와 경험이 풍부해야 독자들에게 공감을 주는 글을 쓸 수 있기 때문에 실무에 종사하고 있는 사람을 원하는 경우가 많다. 음식, 레스토랑을 포함한 식 전반에 걸친 평론, 기사, 칼럼을 쓰는 것으로 영역이 확장되고 있다.

8) 외식 경영 컨설턴트

레스토랑의 오픈을 위한 준비에서부터 운영까지 모든 과정에 관련하여 일을 한다. 메뉴 개발, 레스토랑의 이벤트, 그랜드 오픈을 비롯하여 매장의 콘셉트, 입지 분석, 업장 내·외부의 연출, 서비스 교육과 같은 토털 어드바이저의 역할을 한다. 작게는 그릇이나 메뉴판의 컨설팅부터 크게는 레스토랑 전반의 일을 담당하고 있다고 할 수 있다.

9) 메뉴 플래닝

특정 기획, 테마, 이벤트에 따라 레시피를 개발하고 요리를 만들어 내는 일을 한다. 음식에 있어서 가장 기본이 되는 레시피를 만들고 전달하는 일을 하기 때문에 특정 경우가 아닌 이상 평이하고 무난한 성격을 지닌다. 이러한 기본을 바탕으로 호텔, 레스토랑, 급식 업체 등에 요리의 기술, 서비스 방법과 같은 매뉴얼을 전달하고 그에 따른 어드바이스를 제공하는 일을 한다.

10) 상품 개발자

새로운 제품이나 상품을 개발하는 일을 한다. 소비자에게 재품을 쉽게 전달하고 사용할 수 있도록 기획, 제안을 한다. 레스토랑, 외식 시장과 같은 특정 시장에 관한 이해를 통하여 콘셉트에 맞는 요리를 제안할 수 있어야 한다. 또한 시장 분석, 소비자 분석, 콘셉트 결정, 패키지 디자인 등과 같이 그 영역이 확대되고 있다.

11) 티 인스트럭터

일본홍차협회가 홍차에 대한 지식, 홍차 마시는 법 등을 지도하는 자격을 인증한 자를 뜻한다. 기존에 있던 직업군은 아니며 새로 생겨나는 직업이기 때문에 아직 특정 활동 분야가 정해져 있지는 않으나 문화센터, 홍차 세미나, 홍차 교실 등과 같은 새로운 분야로 확장할 수 있는 직업이다.

12) 와인 어드바이저

와인에 대한 전반적인 지식을 토대로 하여 와인을 찾는 대상에게 적합한 와인을 선택해 주는 일을 하며, 소믈리에라고도 한다. 다양한 와인에 대한 지식을 지니고 있어야 하는 직업으로 와인을 소비하는 소비층의 확대에 따라 새로운 직업으로 각광 받고 있으며, 레스토랑에서 음식과 어울리는 와인을 추천해주는 역할을 하기도 한다.

13) 바리스타

바리스타 직무는 커피에 대한 지식과 이해를 바탕으로 다양한 기법으로 커피를 제조하여, 고객에게 서비스하고, 커피 매장을 관리·운용하는 일이다. 최근 바리스타들은 전문성을 더 겸비하기 위해 생두를 볶으며, 커피의 맛과 품질을 평가하는 업무를 하는 커퍼cupper의 업무영역까지도 확대한다. 커피 분야의 음료를 개발하고, 새로운 입지에 커피 매장을 오픈하고, 커피 매장들을 관리하고, 직원 교육하는 업무들 바리스타들의 영역들은 점점 넓어지고 있다.

14) 바텐더

바텐더 직무는 고객이 만족할 수 있는 음료와 서비스를 제공하기 위해 다양한 음료의 종류와 특성을 이해하고, 조주에 관계된 지식, 기술, 태도를 습득하여 고객에게 음료를 제공하며, 음료 영업장의 관리, 운영, 마케팅을 수행하는 일이다. 호텔이나 외식업체에서 음식과 어울리는 음료를 개발하는 것은 업장의 매출을 올릴 수 있는 좋은 수단으로 개인의 요구와 성향에 맞는 개인 맞춤형 칵테일을 제조하는 믹솔로지스트mixologist라는 직업으로 영역들을 넓히고 있다.

15) 푸드 크리에이터

크리에이터Creator는 일반적으로 동영상이나 콘텐츠를 생산하고, 창작하여, 본인의 플랫폼에 업로드 하는 창작자를 칭한다. 1인 방송 제작자에게 크리에이터라는 명칭을 칭하는 것은 동영상 창작뿐 아니라 본인 창작 동영상을 매개로 자신이 속한 특정 분야의 팬 커뮤니티를 형성하고, 콘텐츠를 기획하여 만들어 내는 역할을 하기 때문이다. 최근 SNS팔로워 수가 많은 푸드 인플루언서는 본인의 SNS계정을 통해 대중에게 외식이나 라이프스타일 등 다양한 영역으로 영향을 끼치고 있다.

16) 푸드 디렉터

푸드 디렉터Food Director는 음식 메뉴를 개발하는 일부터 푸드 산업 전반적인 일을 기획하고, 계획하는 일을 하는 전문직을 말한다. 레스토랑 브랜딩부터 공간 디렉팅, 식기 셀렉트, 푸드 패키지 디자인, 이벤트 기획 등 레스토랑과 관련된 모든 것을 브랜딩 하는 작업을 디렉팅이라고 한다.

17) 맛집 큐레이터

전국 지역의 맛집을 메뉴별, 나라별, 식재료별로 일반인들에게 소개하며, 본인의 플랫폼을 통해 많은 사람들이 쉽게 알 수 있도록 맛집을 소개하는 역할을 한다. 맛집 콘텐츠를 일반인들이 알기 쉽게 전문적으로 설명하고, 맛집을 안내하는 일이 주업무이다. 최근에는 맛집 마케팅에도 많은 역할을 하고 있으며, 컨설팅 분야로도 업무를 확대하고 있다.

18) 푸드 전시 에디터

에디터Editor는 사전적인 의미로는 책, 잡지 등을 편집하며, 보통은 편집자 등을 일컬을 때 사용되는 단어이지만, 푸드 전시 에디터라는 직업은 외식, 음식 관련 전시를 기획하고, 우리나라 향토 지역 먹거리들을 발굴해서 전시하여, 개성 있는 푸드 전시 기획을 연출하는 전문직을 말한다.

푸드코디네이터는 소비자와 판매자 사이를 조절하는 역할을 하고 있으며 소비자들의 생활 수준의 향상과 음식에 대한 다양한 욕구의 확대로 인해 현재의 영역보다 더욱 다양한 영역으로 점차 확대될 것으로 보인다. 따라서 푸드코디네이터의 영역은 다양한 부분을 포함하고 있으며 식에 관련된 총체적인 직업의 호칭이라고 볼 수 있다.

3. 푸드스타일리스트 자질과 마음가짐

사회의 변화에 따라 음식은 단순한 먹거리를 벗어나 하나의 트렌드와 소통의 도구로 자리 잡고 있다. 이러한 현상은 음식에 대한 사람들의 관심을 높여주며, 이를 통한 소통 플랫폼이 새롭게 생겨나며, 개인의 플랫폼이나 회사의 플랫폼에서 음식에 관한 소통을 시각적인 비주얼을 통해 하게 된다. 현재의 음식은 음식의 캐릭터화 또는 브랜드화, 콘셉트화를 요구하고 있으며, 이러한 부분을 완성시켜 줄 수 있는 통합적인 푸드 비주얼 작업이 중요해지고 있다. 따라서 이러한 작업을 할 수 있는 사람과 직업이 필요한 시대가 되었다. 이러한 작업을 하는 직업적 영역을 푸드스타일리스트라 칭하고 있으며, 푸드스타일리스트에게는 다양한 자질과 마음가짐이 요구된다.

푸드스타일리스트는 새로운 것을 꾸준히 제안하는 역할을 하고 있다. 즉, 식문화를 새롭게 제안하고, 질적인 수준을 높이며, 트렌드를 개발하므로 자부심을 가질 필요가 있다. 또한 겉으로 보이는 것과는 다르게 육체노동이 많이 필요하므로 꾸준한 체력 관리와 인내심이 필요하며, 자신의 마인드를 컨트롤 할 수 있도록 해야 한다. 결혼, 연령과는 상관없이 할 수 있는 직업군이지만 새로운 아이디어를 지속적으로 내지 못할 경우 도태될 수 있으므로 새로운 아이디어를 창작하는 것이 매우 중요하며 항상 새로운 것을 제안할 수 있어야 한다.

1) 푸드스타일리스트의 자세

(1) 인적 네트워크 & 인간관계

푸드스타일리스트는 다양한 정보를 통하여 새로운 것을 창출해 내어야 한다. 따라서 폭넓은 인적 네트워크와 원만한 대인 관계는 푸드스타일리스트가 반드시 갖추어야 할 기본 자질이다. 다양한 분야에서 활동하고 있는 전문가들과의 정보 교류는 새로운 것을 창출할 때 가장 중요한

데이터로 활용될 수 있다. 또한 팀 작업이 주로 이루어지기 때문에 팀원과의 배려를 통한 조화와 협력을 바탕으로 업무 완성도를 높여야 한다.

(2) 정보수집 & 트렌드 이해

소비자에게 새로운 것을 제안하고 제공해 주어야 하기 때문에 항상 한 발 앞서서 다양한 정보의 수집과 트렌드의 이해가 필요하다. 창조적인 직업을 수행하기 위해서는 다른 사람들보다 새로운 부분을 쉽게 습득할 수 있어야 하며 그를 통한 재창조가 가능할 수 있도록 언제나 민감하게 반응할 필요가 있다.

(3) 지식 습득

푸드스타일리스트가 담당하는 영역은 한정적이지 않기 때문에 다양한 부분에 대한 폭넓은 지식이 필요하다. 기본적으로 식자재, 영양, 식품 성분, 주방기기, 식기, 주방기기를 비롯하여 요리의 지식을 갖출 필요가 있으므로 그에 대한 꾸준한 관심과 공부가 이루어져야 한다. 따라서 다양한 분야의 지식 습득과 공부를 하는 습관을 키우고 꾸준한 관심을 유지해야 한다.

(4) 기술

푸드스타일리스트의 가장 중요하면서도 기본적인 자질이라고 할 수 있다. 음식을 다루는 직업이기 때문에 한식, 일식, 중식, 양식과 같은 조리 기술을 갖추어야 하며 푸드스타일리스트는 그 이상의 색채와 조형 감각이 필요하기 때문에 시각적 훈련을 통한 기술 습득이 반드시 뒤따라야 한다. 최근에는 사진, 영상, 그래픽 프로그램등과 같은 기술도 갖추고 있으면 더욱 좋으며 푸드스타일리스트에게 요구되어지는 기술의 폭은 다양화되고 있다.

(5) 센스

푸드스타일리스트의 작업을 위해서는 반드시 센스와 순발력이 필요하다. 식공간의 연출, 혹은 촬영을 위한 스타일링을 진행하는 데 있어 순간적인 기지, 센스, 순발력은 현장의 예상하지 못한 상황에서 대처할 수 있는 능력이라고도 할 수 있다. 현장에서는 항상 예상하고 있었던 일만 일어나지 않기 때문에 센스를 키우는 훈련이 필요하다.

(6) 독창성 & 전문성

푸드스타일리스트는 자신만의 독특한 영역을 지니고 있어야 한다. 워낙 다양한 분야의 일을 두루 진행할 수 있기 때문에 자신만이 할 수 있는 독창적이고 전문적인 분야의 개발이 필요하다. 이러한 독창성은 푸드스타일리스트의 개성이라고 표현할 수 있으며 이를 위하여 다른 분야를 이해하고 접목까지도 할 수 있어야 한다. 따라서 영화, 공연, 디자인, 회화, 문학과 같은 다양한 예술 분야에 대해 꾸준한 공부가 필요하다.

(7) 기획편집

푸드스타일리스트의 결과물은 또 다른 2차 매체를 통해 소비자들에게 전달된다. 그러한 과정 속에서 기획과 편집은 반드시 이루어지는 작업으로 푸드스타일리스트가 직접 일을 하지 않더라도 그 부분에 대한 이해를 바탕으로 하여 작업을 진행하는 부분에 있어 결과물을 예측하고 스타일링을 진행할 수 있어야 한다. 이러한 과정을 통하여 결과물의 완성도의 질을 높일 수 있다.

(8) 호기심

사물에 대한 호기심과 관심은 새로운 것을 만들어 내는 원천이 될 수 있다. 같은 조리 방법, 스타일링, 식자재라고 하더라도 계절, 환경, 의도 등에 따라 조금씩 다르게 표현된다. 따라서 모든 사물과 현상에 대한 호기심을 통해 바라보아야 할 필요가 있다.

PART 2

음식과 **색채**

음식과 **색채**

1. **색채**

색은 빛의 물리적 현상으로 우리의 눈이 받아들이는 지각작용 중 하나라고 할 수 있다. 색을 볼 수 있는 가장 대표적인 방법은 빛의 반사를 통해서이며, 우리가 보는 모든 색은 빛의 반사, 투사, 굴절에 의해 생긴다고 할 수 있다. 어떤 특정 물체에 빛이 반사되었을 때 물체에 흡수되지 않고 반사되는 색을 보게 되는 것이며, 이러한 반사는 일반적인 물체 표면색, 물체 투과색과 같이 반사되는 방법에 따라 물체의 색을 인식하게 된다.

1) 빛(energy)

빛은 인간이 지각할 수 있는 가시광선可視光線, Visible Light을 포함하고 있으며 이것은 색이 빛에 의해 받아들여지는 지각현상이라고 설명할 수도 있다. 빛은 다양한 길이의 파장을 지니고 있으며 이러한 파장을 통해 물체를 볼 수 있다.

그러나 모든 종류의 빛을 볼 수 있는 것은 아니며 가시광선 안의 굴절된 빛만 볼 수 있다. 이 가시광선의 범위 밖에 존재하는 색은 감마선, 엑스선, 자외선, 적외선, 전파로 나눠진다.

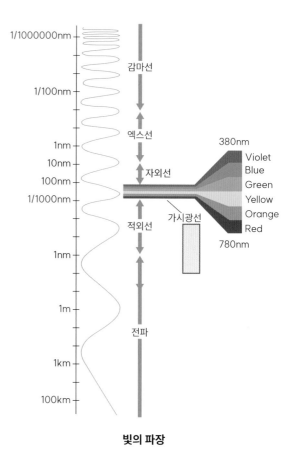

빛의 파장

2) 색의 일반적 분류

가장 일반적인 색의 분류는 색채가 없는 무채색과 색채가 있는 유채색으로 나누어 사용하고 있다.

(1) 무채색

색채와 채도가 없는 색을 말한다. 밝고 어두움의 명도 차만 있으며 흰색, 검정, 회색을 뜻한다. 색상이 존재하지 않기 때문에 특별한 색온도를 지니지 않는다. 따라서 중성색이라고 표현하기도 한다.

(2) 유채색

무채색을 제외한 모든 색을 말한다. 빨강, 노랑, 파랑을 모두 포함하며 조금이라도 색감이 있다면 모두 유채색이다.

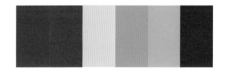

3) 색의 3속성

사람이 볼 수 있는 색의 이론적 분류는 약 200만 가지로 나눌 수 있다. 그러나 인간이 이 모든 색을 구분하고 볼 수는 없기 때문에 이를 편하게 구분할 수 있는 몇 가지 기준이 있다. 색의 종류를 의미하는 색상Hue, 밝고 어두운 정도를 구분하는 명도Value, 색의 맑고 탁한 정도를 나타내는 채도Chrome가 있으며, 이와 같은 색상, 명도, 채도를 색의 3속성이라 한다.

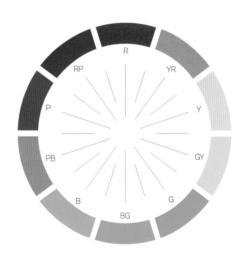

색상환

(1) 색상(Hue: H)

태양광선이 프리즘을 통과하여 나타내는 무지개 모양의 빛을 말한다. 빛의 파장에 의해 색의 영역이 구분된다. 장파장인 빨강에서 단파장인 보라에 이르는 색의 스펙트럼이 있으며 이러한 색을 연결하여 색상환을 만들어 사용하고 있다. 이러한 색상환은 기본 5색에 중간 5색을 더한 10색상환으로 구성되어 있으며 더욱 세밀하게 나누어 사용하기도 한다. 스펙트럼에 구분된 색은 빨강R, 노랑Y, 초록G, 파랑B, 보라P 등으로 부르고 있다.

(2) 명도(Value: V)

색의 밝고 어두운 단계를 나타낸다. 가장 밝은 흰색과 가장 어두운 검은색을 10단계로 나누어 같은 간격으로 배열하여 10부터 0의 수치로 표기한다. 흰색부터 검은색 사이의 회색이 나열된 배열을 무채색이라고 부르며 색상을 가진 명도의 단계는 유채색이라고 부른다. 색의 3속성 중에서 가장 이해하기 쉬운 개념이다.

밝기	고명도			중명도				저명도		
명도번호	10	9	8	7	6	5	4	3	2	1	0
무채색										

명도단계

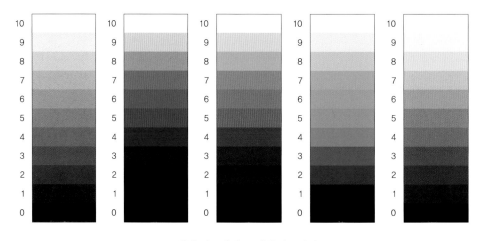

무채색 명도단계／유채색 명도단계

(3) 채도(Chrome: C)

색의 맑고 탁함의 단계를 나타낸다. 색상이 가지고 있는 순수도의 정도에 따라 맑고 탁함이 결정된다. 가장 채도가 높은 단계를 16으로 정하며 가장 채도가 낮은 단계를 1이라고 정한다. 색의 채도가 높을수록 선명하고 맑은 순색이 되며 채도가 낮을수록 어둡고 탁한 탁색이 된다.

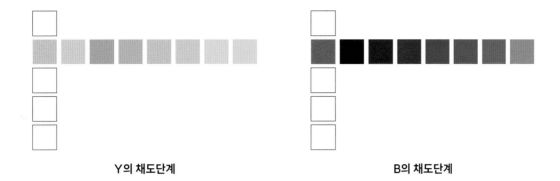

Y의 채도단계　　　　　　　　　　　　　　　　B의 채도단계

(4) Hue & Tone 120 Color System

먼셀, ISCC-NBS, NCD 체계를 기반으로 하여 우리나라의 상황에 맞게 새로 고안해 낸 색체계이다. 우리나라 사람이 가지고 있는 색조 판단의 특징을 분석하여 색상Hue과 색조Tone의 2단계로 나누었다. 색상은 색의 명칭을 뜻하며, 색조는 채도와 명도를 합친 개념이다. 10가지 색상과 11가지 톤으로 구성된 110개의 유채색과 명도에 따라 10단계로 나눈 10개의 무채색으로 모두 120색으로 구성된다.

색상(Hue)			색조(Tone)		
R-Red	YR-Yellow Red	Y-Yellow	V-Vivid	S-Strong	B-Bright
GY-Green Yellow	G-Green	GB-Green Blue	P-Pale	VP-Very Pale	Lgr-Light Grayish
B-Blue	PB-Purple Blue	P-Purple	L-Light	Gr-Grayish	Dl-Dull
RP-Red Purple			Dp-Deep	Dk-Dark	

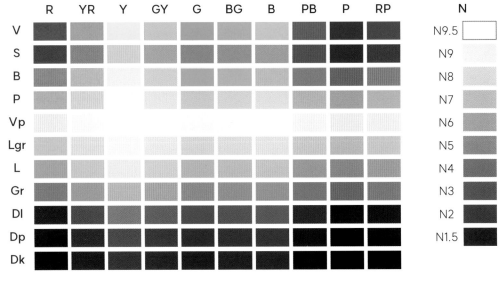

Hue & Tone 120 Color System

2. 색채와 배색

색채 배색은 2가지 이상의 색을 조합할 때 일어나는 색의 조화와 효과를 말한다. 배색되는 공간의 크기와 용도에 따라 효과적인 배색과 비효과적인 배색이 있을 수 있다. 배색을 하는 데 있어서 무작위 배색이 아닌 공통된 법칙을 지닌 배색이 존재하며 이러한 지식을 배경으로 배색하는 것이 색을 조화시키는 바람직한 방법이라고 할 수 있다. 따라서 효과적인 배색의 법칙에 대한 인지가 필요하다.

1) 배색의 구성요소

(1) 주조색(Base Color)

배색을 할 때 가장 많이 사용되는 색을 의미한다. 특정 이미지를 표현하고자 할 때 가장 많은 비중을 차지하는 색에 따라 연출하고자 하는 이미지가 달라지므로 주조색을 선정하는 것은 매우 중요하다. 바탕색, 배경색으로 사용하는 경우가 많기 때문에 무난하고 편안한 색을 사용하는 것이 좋다.

(2) 보조색(Dominant Color)

주조색 다음으로 많은 비중을 차지하는 색을 의미한다. 주조색을 뒷받침하며 보조하는 역할을 한다. 주조색과 보조색 사이에 동일, 유사, 반대, 그러데이션, 세퍼레이션, 주조색과 강조색에 의한 배색 등과 같은 다양한 색채 배색이 나타난다.

(3) 강조색(Accent Color)

무엇인가를 강조하거나 장식하기 위해 사용하는 색을 의미한다. 작은 면적을 사용하지만 색이 강하므로 눈에 띄는 포인트 컬러로 사용된다. 전체의 색과 분위기를 완성하거나 마무리하는 효과가 있으며 시선을 집중시키는 역할도 한다.

2) 배색방법

(1) 정리된 느낌의 배색

① 동일 배색

동일한 색상 안에서 명도와 채도의 차이만 주어서 배색하는 방법이다. 한 가지 색상을 사용하는 배색이기 때문에 안정적이고 정돈된 느낌을 줄 수 있으며 자연스러운 통일감과 완성감이 나온다. 동일색이지만 명도와 채도의 차이를 크게 하면 강한 느낌이 나고 명도와 채도의 차이를 작게 하면 편안한 느낌을 줄 수 있다.

② 유사 배색

색상환에서 인접한 색상끼리 배색하는 방법이다. 빨강, 주황, 노랑과 같은 배색을 말하며 비슷한 계열의 색으로 인식되기 때문에 안정적이고 편안한 느낌을 얻을 수 있으며 자연스러운 색의 변화로 차분한 완성감을 줄 수 있다. 서로 인접한 색들의 차이가 너무 없을 경우 구분되지 않아 동일한 색상으로 보일 수 있으며 조화롭지 못한 배색이 될 수 있다.

(2) 강조된 느낌의 배색

① 반대에 의한 배색

색상환에서 반대 위치에 있는 색상끼리 배색하는 방법이다. 서로 상반된 이미지를 지닌 색의 배색이기 때문에 강렬한 느낌을 주며 풍부한 변화 효과를 만들어 낸다. 빨강, 파랑의 배색, 노랑, 보라의 배색이 그 예가 된다.

② 그러데이션(농담)에 의한 배색

서로 인접한 색들이 변화해 가는 단계를 순서에 따라 표현하
는 배색이다. 색상, 명도, 채도 등에 모두 표현할 수 있는 배색방
법이며 자연스럽고 부드러운 느낌을 준다. 연속성, 리듬감, 흐름
을 표현할 수 있다.

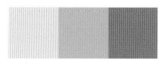

③ 세퍼레이션(분리)에 의한 배색

복잡하고 정신 없거나 애매한 배색을 분할과 분리를 통해 정
리하여 배색하는 방법이다. 무채색은 세퍼레이션 효과가 뛰어
난 색으로 자주 사용되는 색상이다. 대비가 강한 색상, 명도, 채
도의 차이를 이용해서 명쾌함을 표현할 수 있다.

④ 주조색과 강조색에 의한 배색

배색할 때 가장 많은 면적을 차지하는 주조색과 가장 적은 면
적을 차지하는 강조색으로 이루어진 배색이다. 주조색과 강조
색의 비율이 7:3, 8:2, 9:1 정도 되는 것이 가장 균형 잡힌 시각적
조화를 이룬다.

3. 색채와 연상

색채는 각각의 색상에 따라 독특한 감정을 일으킨다. 개인의 환경, 기후, 성별, 연령과 같은
개인적 특징에 따라 색의 연상 감정과 연상 작용은 다르게 나타난다. 따라서 같은 색상이라고
할지라도 개인에 따라 다른 느낌이나 감정이 들 수 있다. 또한 색에 대한 개인의 느낌이나 감정
은 주관적인 성향이 강하게 나타나기 때문에 일반화하기 어려운 부분도 있다. 그러나 이런 점
을 제외하고 일반적으로 대부분의 사람들은 같은 색에 대해 비슷한 감정을 느끼게 된다.

1) 빨간색 Red ■

빨강은 색상환에 있는 색상 중 가장 시각적 반응이 먼저 일어나는 색이다. 사람의 시선을 끄는 효과가 뛰어난 색이라고 할 수 있다. 태양, 피, 불, 저주, 혁명, 반항, 정열, 사랑과 같은 이미지를 연상시키는 색이다. 과거로부터 현재까지 부정적인 의미나 주술적인 의미로 많이 사용되었으나 현재는 역동적이고 활동적인 이미지의 색으로 인식된다. 사람을 흥분시키고 선동하는 의미도 지니고 있으나 기독교에서는 예수의 희생과 순교를 상징하기도 하고 교황의 붉은색 의상은 희생과 박애를 상징적으로 나타내기도 한다. 달콤한 맛과 매운 맛을 느끼게 하며 가장 식욕을 자극하는 색으로 분류하기도 하며, 외식업체 로고에서 가장 많이 사용 되는 색이기도 하다.

- **식재료** : 딸기, 나무딸기, 산딸기, 체리, 서양자두, 수박, 사과, 사탕무, 토마토, 비트, 강낭콩, 육류, 해산물 등
- **외식업체** : 맥도날드, 아웃백, KFC 등

2) 주황색 Orange ■

주황은 노랑과 빨강의 조합으로 나타나는 색으로 이 두 색의 특징을 같이 지니고 있다. 난색 계열의 색으로 따뜻함을 지니고 있으며, 열정, 활력, 만족과 같은 이미지를 연상시키는 색이다. 주황색은 조금만 사용하더라도 활기차고 밝은 느낌을 연출할 수 있다. 그러나 너무 많이 사용하게 되면 혼란하고 어지러운 느낌을 줄 수 있으며, 때로는 저렴한 인상을 주기도 한다. 그러나 가장 친근한 컬러의 느낌으로 회색과 같은 무채색과 같이 사용하면 주황색의 화사한 느낌을 살릴 수 있다. 달콤한 맛과 부드러운 맛

을 느끼게 하며 식욕을 자극하고 동시에 소화를 촉진하는 작용을 하기도 한다.

- 식재료: 오렌지, 망고, 파파야, 살구, 복숭아, 당근, 호박, 순무, 달걀 노른자, 생강, 귤, 한라봉, 감, 멍게, 미더덕 등
- 외식업체 : 맘스터치, 쿠우쿠우 등

3) 노란색 Yellow ▨

노랑은 색상 중에서 빛을 가장 많이 반사하는 색이다. 워낙 밝은 색으로 가시성이 뛰어난 진출색의 특징을 지니고 있기 때문에 위험을 상징하거나 눈에 띄어야 하는 메시지를 전달할 때 사용하는 대표색이다. 황금, 병아리, 개나리, 봄, 희망, 풍요, 햇살과 같은 이미지를 연상시킨다. 동양에서는 주로 긍정적인 이미지로 사용되는 반면에 서양에서는 부정적인 이미지로 강하게 작용하기도 한다. 신맛과 달콤한 맛을 느끼게 하며 식욕을 촉진하고 시각적으로 음식을 더 맛있어 보이게 하는 역할을 한다.

- 식재료: 보리, 현미, 노란색 렌즈콩, 씨앗, 배, 바나나, 파인애플, 멜론, 버터, 옥수수, 식물성 기름, 꿀, 유자 등
- 외식업체 : 빽다방, 메가커피, 컴포즈 커피 등

4) 초록 Green ▮

녹색은 자연의 이미지를 대표하는 색이다. 자연에서 느낄 수 있는 신선하고 평화로운 느낌을 주며 사람의 눈에 가장 편안한 색상이라고 할 수 있다. 자연, 휴식, 편안함, 신선, 생명과 같은 이미지를 연상시키는 색이다. 자연에서 흔히 볼 수 있는 색이기 때문에 갈색과 더불어 친환경주의, 무공해 소재와 같은 이미지를 대표하는 색으로 사용되기도 한다. 서양에서는 부정적인 이미지를 나타낼 때 사용되기도 한다. 밝은 녹색은 신선하고 상큼한 맛을 느끼게 하지만 탁하고 어두운 녹색은 쓴맛을 느끼게 한다. 녹색으로 이루어진 식자재는 체내 ph 농도를 맞추는 데에도 효과적이며 부기를 가라앉히는 역할을 한다.

- 식재료: 부추, 청포도, 키위, 무화과, 레몬, 라임, 완두콩, 양상추, 브로콜리, 셀러리, 오이, 양배추, 올리브유, 페퍼민트 등
- 외식업체 : 스타벅스, 뚜레쥬르, 샐러디, 서브웨이 등

5) 파란색 Blue ▮

파랑은 차분한 느낌을 주며 사람들에게 선호도가 높은 색이다. 다른 색보다 폭넓고 다양한 의미를 지니고 있다. 깨끗함, 젊음, 지성, 신뢰, 명예, 상쾌함과 같은 이미지를 연상시키는 색이다. 그러나 우울, 금욕, 부도덕과 같은 부정적인 이미지를 동시에 지니고 있다. 파란색은 어떠한 색과도 잘 어울리는 색이며, 특히 흰색과 잘 어울린다. 신뢰의 의미를 지니고 있어서 기업체의 CI에 많이 사용된다. 파란색의 식자재는 별로 없기 때문에 파란색을 봤을 때 먹고 싶다는 생각이 들지 않는다. 그러나 파란색 배경에 음식을 놓았을 때는 식욕을 자극하기 때문에 주변

의 배경이나 그릇을 파란색으로 쓰는 것은 바람직하나 음식 자체가 파란색인 것은 바람직하지 않다.

- 식재료 : 자연 식재료 없음.
- 외식업체 : 이디야, 파리바게트, 삼성 웰스토리 등

6) 보라색 Purple ▧

보라색은 고귀함을 나타냄과 동시에 광기를 나타내는 색이며, 명상과 신비로움, 고급스러움을 나타낸다. 고귀함, 고상함, 신비스러움, 관능적과 같은 이미지를 연상시키는 색이다. 빨강과 파랑이 섞여 빨강의 강함과 파랑의 불안함이 같이 존재하는 양면적인 색으로 자연 색상에 많이 존재하지 않는 색이기 때문에 인공적이고, 이중적인 느낌을 준다. 밝은 보라색은 여성적이고 로맨틱한 느낌을 주고 어두운 보라색은 고귀하고 차분한 이미지를 나타낸다. 음식에서의 보라색은 쓴맛을 연상시키며 음식이 상한 느낌을 주기도 한다.

- 식재료 : 포도, 가지, 서양자두, 붉은 양파, 순무, 적채, 비트의 뿌리, 석류, 로제와인 등
- 외식업체 : 마켓 컬리, 와인 업체 등

7) 분홍색 Pink ▨

분홍색은 귀엽고 로맨틱한 분위기를 연출하며, 여성스럽고 소녀의 귀여운 느낌의 이미지를 연상시키는 색이다. 패션 소품이나 홈 인테리어에서 가장 즐겨 쓰이는 색으로 여성의 선호도가 높다. 다른 어떤 색보다도 달콤한 맛을 많이 나타내는 색으로 주변의 색이 분홍색이라면 음식의 맛도 달게 느껴질 정도로 효과가 큰 색이다. 특히 분홍색으로 된 식재료는 생식기에 효과가 좋기 때문에 한의학에서는 여성과 남성의 생식기에 이상이 있을 때 분홍색으로 된 복숭아 분말을 처방하기도 한다.

● 식재료 : 복숭아, 허브티나 홍차 등
● 외식업체 : 디저트 업체 등

8) 갈색 Brown ▨

갈색은 주위에서 가장 편하게 접할 수 있는 색으로 차분하고 편안한 분위기를 연출한다. 가을, 커피, 나무, 흙과 같은 이미지를 연상시키는 색이다. 자연에서 많이 존재하는 색으로 편안한 느낌을 주는 것과 동시에 오래된 가구에서의 중후함과 묵직함도 나타낸다. 연륜과 안정감을 보이기도 하지만 계절의 흐름에서 나타나는 갈색의 이미지에 따라 쇠퇴하는 의미를 지니기도 한다. 음식이 익어갈 때 갈색으로 바뀌기 때문에 맛있는 이미지를 나타내기도 하지만 쓰다는 이미지도 동시에 지니고 있다. 진한 갈색은 깊고 농도가 짙은 음식을 연상시키기도 한다.

● 식재료 : 견과류, 호두, 밤, 베이커리 제품 등
● 외식업체 : 엔제리너스, 한식당, 베이커리 로고 등

9) 흰색 White □

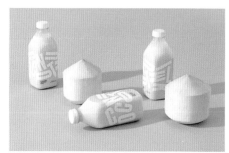

흰색은 그 자체의 색이 없기 때문에 영원하고 숭고한 이미지를 지닌다. 깨끗함, 신성함, 순결, 우아함, 청초함, 순백, 진실, 순수와 같은 이미지를 연상시키는 색이다. 결혼식과 같은 새로운 출발을 의미할 때 신부의 색으로 사용되기도 하며, 병원, 화장실과 같이 청결함이 요구되는 공간에 사용되기도 한다. 전통적으로 선하고 밝은 이미지를 나타내는 색으로 사용되고 있으나 차가움, 유령, 영혼의 색과 같은 부정적인 이미지도 지니고 있다. 음식에 있어서 흰색 식기에 음식을 담게 되면 빛의 반사율이 많기 때문에 음식이 지니고 있는 색을 가장 잘 나타내 줄 수 있다. 따라서 흰색 식기에 음식을 담으면 음식이

깔끔해 보이기도 하고, 음식의 컬러가 선명하게 보이며, 식욕을 높여줄 수 있다.

- 식재료 : 두부, 두유, 콜리플라워, 무, 콩나물, 우유, 인삼, 더덕, 도라지, 요구르트 등
- 외식업체 : 우유 업체, 요거트 업체 등

10) 회색 Gray ■

회색은 다른 색들과는 달리 자신의 캐릭터가 별로 없는 색으로 주변에 어떠한 색이 배색되는지에 따라 그 이미지가 달라진다. 즉, 어떤 색이 배색되더라도 그 색에 분위기를 맞추는 역할을 하는 색이라고 할 수 있다. 따라서 배경색으로 사용하기 좋으며, 세련된 도시적인 현대적인 느낌을 나타낼 때 배경색으로 많이 사용한다. 부드러움, 안정감, 세련됨, 도시, 모던과 같은 이미지를 연상시키는 색이다. 그러나 무기력, 우울함, 불안과 같은 부정적인 의미도 동시에 지니고 있다. 일반적으로 도시의 이미지, 혹은 산업화의 이미지를 표현할 때 많이 사용된다. 음식

에서 회색은 음식이 부패될 때 나타나는 색으로 식욕을 떨어뜨리기도 한다.

- 식재료 : 암염, 소금류
- 외식업체 : 메가커피 등

11) 검은색 Black ■

검은색은 현대에서 가장 즐겨 사용하는 대표적인 색이다. 위엄, 강함, 엄숙함, 모던, 공포, 죽음과 같은 이미지를 연상시키는 색이다. 대부분의 문화권에서 죽음과 연결되는 색으로 가장 많이 사용되고 있으며, 불안과 좌절의 이미지를 지니고 있다. 그러나 현대에는 고급스러운, 모던, 미니멀리즘을 대표하는 색으로 무채색과의 조화를 통해 대중적인 색으로 인식되며 도시적인 이미지에 가장 적합한 색으로 자리 잡고 있다. 음식에 있어서 검은색은 쓴맛을 연상시키며, 음식이 상한 느낌을 주기도 한다. 그럼에도 불구하고 검은색은 가장 많은 에너지를 내포하고 있는 색이기도 하다.

- 식재료 : 검정깨, 검은콩, 검은쌀, 김, 미역, 다시다, 블랙올리브 등
- 외식업체 : 커피 프랜차이즈 폴바셋, 투썸 플레이스, 파스쿠찌 등

4. 색채와 맛

색은 맛을 느끼게 하는 특성을 가지고 있다. 난색 계열의 요리는 단맛, 신맛을 느끼게 하며, 한색 계열의 요리는 쓴맛, 짠맛을 느끼게 한다. 따라서 식욕을 자극하는 색은 한색 계열보다는 난색 계열의 색이라고 할 수 있다.

1) 단맛 : 빨강, 분홍, 주황, 노랑의 배색

단맛은 잘 익은 사과, 오렌지, 딸기 등에서 나타나는 빨강이 가장 미각을

자극한다. 주황은 식욕을 가장 자극하는 색으로 알려져 있으며 분홍은 달콤한 맛을 연상시킨다.

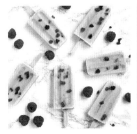   

2) 신맛 : 초록, 노랑, 연두의 배색

　신맛을 대표하는 레몬, 라임과 같은 색으로 노랑과 녹색이 주를 이루고 있다. 과일의 덜 익은 녹색은 신맛을 가장 자극한다.

3) 쓴맛 : 갈색, 올리브그린, 검정의 배색

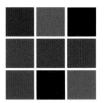

　쓴맛의 대표적인 색은 짙은 갈색이나 검정의 어두운 색으로 표현된다. 커피, 한약 등이 대표적인 예이며 짙고 깊은 농축된 이미지가 강하다.

4) 짠맛 : 하늘색, 회색, 연두의 배색

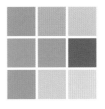

짠맛은 보통 소금을 떠올리며 소금의 회색이나 밝은 회색이 대표색으로 표현되고, 바다에서 나는 해산물의 색은 녹색 계열인 경우가 많다.

5) 매운맛 : 빨강, 검정의 배색

매운맛 하면 빨간 고추와 고추장을 떠올리게 되고 그러한 맛을 대표하는 색은 빨강과 검정이다. 보통 검고 붉은색에서 매운맛을 느낀다.

FOOD STYLING

1. 디자인의 구성원리

디자인을 할 때 특정 효과나 의도를 극대화하기 위해서는 다른 요소들과 어떻게 조화를 이루는지가 중요하다. 디자인의 구성원리는 이러한 조화를 이루어 내기 위한 기본 개념으로 원래 미학의 개념에서 나타났지만 현재는 예술분야를 비롯한 다양한 분야에서 통용되는 개념으로 볼 수 있다. 즉, 미학에만 국한된 개념이 아니라 다른 분야와 상호 보완하며 형식과 감각이라는 요소에 영향을 미친다. 이러한 디자인 원리가 기준으로 제시되기는 하지만 반드시 이러한 기준을 따를 필요는 없으며 상대적이고 주관적인 개념이라고도 할 수 있기 때문에 정확한 기준을 정하기가 어렵다.

1) 균형(Balance)

균형이란 두 개 이상의 요소 사이의 시각적·정신적 힘의 안정을 뜻한다. 반드시 대칭이어야 할 필요는 없으며 비대칭이라도 힘의 분배와 조화를 이루어 안정적이라면 이 역시 균형을 이루고 있다고 할 수 있다. 크게 동적 균형Dynamic Balance과 정적 균형Static Balance으로 구분할 수 있으며 질서, 안정, 통일감을 느끼게 한다. 일반적으로 정적 균형은 대칭적 구조를, 동적 균형은 비대칭적 구조를 지닌다. 이러한 균형은 점, 선, 면, 형태, 크기, 방향, 재질감, 색채, 명도 등과 같은 시각요소들과의 결합에 의해 표현될 수 있다.

(1) 대칭균형(Symmetry)

식기의 중앙에 가상으로 선을 그었다고 생각하고 양 옆을 반으로 접었을 때 완전히 일치되는 것을 뜻한다. 가장 많이 사용되는 구도이며 질이 좋고, 고급스러우며, 위엄 있는 느낌을 연출할 수 있다. 안정감이 느껴지는 구도이며, 정적이고 단순한 특징이 있으나 소재의 선택을 다르게 하거나 색채와 배열의 순서에 따라 재미있고 독특하게 담을 수 있다.

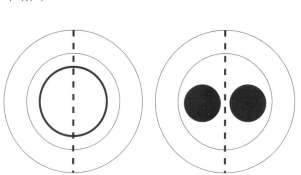

(2) 비대칭균형(Asymmetry)

대칭의 형태를 이루고 있지 않기 때문에 시각적으로 불안정해 보이거나 불균형해 보일 수 있으나 시각적으로 보이는 요소들의 배열에 신경 써서 잘 정돈함으로서 시각적인 안정감을 줄 수 있다. 대칭균형보다 재미가 있으며 동적이고 세련된 느낌을 준다.

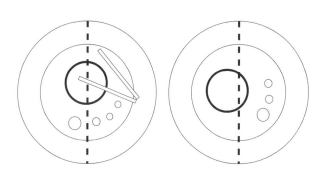

(3) 방사형 균형

중심을 설정하고 그 주위에 있는 것들이 원형으로 돌면서 균형을 잡는 것을 뜻한다. 많이 사용되는 구도로 역동석이면서 중심으로 시선을 모아 주는 효과를 낼 수 있다. 한 방향뿐만 아니라 여러 방면으로 방사모양을 연출할 수 있으며 회전그네, 풍차와 같은 리듬감을 느낄 수도 있다. 차분함, 안정감과 같은 정적인 이미지나 움직임, 리듬과 같은 동적인 이미지를 표현할 수도 있으나 적절한 힘의 분배가 이루어지지 않으면 유치한 느낌을 줄 수 있다.

2) 조화(Harmony)

조화란 서로 다른 요소가 두 가지 이상 배치되면서 서로 통일되어 종합적인 느낌을 전달하는 것을 뜻한다. 한 가지 요소만 가지고 연출할 수는 없으며 여러 요소들의 상호작용에 의해서 연출된다. 따라서 소재, 형태, 색채와 같은 요소들이 통일되어야 하며 동시에 차이를 지니고 있어야 한다. 또한 좋은 조화는 요소들의 공통성과 차이점이 공존해야 한다. 지나치게 통일을 강조하면 지루하고 단조로울 수 있으며 반대로 지나치게 변화를 강조하면 무질서하고 혼란스러울 수 있다. 이 차이가 심할 때 대비라고 하며 통일과 대비가 적절히 배치되어야 조화를 이룰 수 있다. 이와는 반대의 개념을 부조화라고 한다.

(1) 반복(Repetition)

일정한 간격, 혹은 규칙성을 가지고 되풀이되는 것을 반복이라 한다. 색채, 형태, 소재 등의 동일한 요소가 반복되면 리듬감을 유발할 수 있으며 이를 통한 시각적 힘의 강약을 만들어 낼 수 있다. 대립과 리듬의 구성, 현대적인 이미지를 나타낼 수 있으나 부드럽고 여성적인 느낌을 표현하는 데는 적합하지 않다. 이러한 반복에 의한 리듬이 연속적으로 나타나며 복잡하게 배치될 때 교차라고 한다.

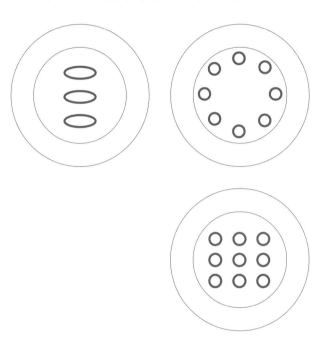

(2) 점이(Gradation)

특정 규칙이나 법칙을 가지고 자연적인 순서, 혹은 흐름을 단계에 따라 나타낸다. 원근감을 시각적으로 표현해 낼 수 있으며 자연현상에서 많이 찾아볼 수 있다. 물의 파문, 색의 변화, 크기의 성장과 같은 것이 그 예이다. 이러한 느낌은 식기 위에도 표현할 수 있다. 중심에 하나의 포인트를 두고 그 주위로 계속적인 크기의 변화를 주는 원을 만들어 내면 물결모양의 점이를 표현할 수 있다. 주로 소스를 이용

하여 표현하기 때문에 디저트나 애피타이저에 많이 사용하며 안정감, 조용함, 부드러움, 온화함을 느낄 수 있다.

3) 리듬(Rhythm)

리듬은 식기 안의 요소들끼리 일정한 규칙을 지니고 연속적으로 나타나는 운동으로 단순한 반복이 아니라 반복되는 요소들의 간격을 뜻한다. 이러한 간격들 사이에는 일정한 질서, 분위기가 필요하며, 크게 반복 리듬과 점진적 리듬으로 나눈다. 반복 리듬은 동일한 요소에 의한 리듬이며 점진적 리듬은 일정한 변화가 생기면서 나타나는 리듬이라고 할 수 있다. 식기 중심에 일정하게 반복되는 규칙성이 나타나기 때문에 음악에서 느낄 수 있는 이미지를 가지며 경쾌함, 코믹함, 명랑함을 표현할 수 있다. 반복 리듬을 잘못 표현하면 너무 심심하고 무미건조할 수 있으며 점진적 리듬을 잘못 표현하면 정리가 안 되고 복잡한 느낌을 줄수 있다.

4) 통일(Unity)

통일은 느낌, 혹은 실제로 눈에 보이는 형태, 색채, 소재 등의 조화로운 규칙과 질서를 뜻한다. 구성을 이루고 있는 각 요소들 간의 성격이나 성향이 너무 강하게 튀거나 한쪽으로 치우치게 되면 혼란스럽고 어지러운 느낌을 줄 수 있다. 그러나 이러한 느낌을 줄이기 위해서 통일에 지나치게 치중하게 되면 단조롭고 무미건조한 느낌이 들게 된다. 정적인 느낌을 연출할 때는 원형의 변형을 사용하는 것이 좋으며 시각적 재미를 주기 위해서는 사각형의 변형을 사용하는 것도 좋다.

(1) 타원형

타원형은 원형의 변형으로 정원보다 식기에 연출하기가 더 쉽다. 곡선의 형태를 띠고 있으므로 우아함, 기품이 있는, 여성스러움, 부드러움, 원만함과 같은 느낌을 연출할 수 있다. 오발 형태의 식기를 이용해서 담을 수 있다.

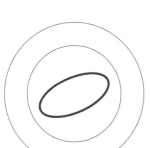

(2) 사각형

사각형은 동그란 형태의 식기 안에 사각형의 형태를 넣어 줌으로써 기본적으로 시각적 재미를 유도해 낼 수 있다. 안정감을 주는 형태임에도 불구하고 변화를 줄 수 있는 구도로 시각적 재미를 표현할 수 있다.

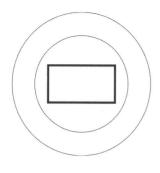

5) 변화(Variety)

변화는 통일과 밀접한 관계를 지닌다. 변화가 적으면 통일된 느낌이 강하게 표현되며 변화가 많으면 통일감이 떨어진다. 따라서 적절한 범주 내에서 변화를 표현해야 하는데 통일된 느낌을 깨뜨리지 않는 범위 안에서 시각적 재미를 주어야 한다.

(1) 평행사변형

사각형의 일반적이고 안정적인 느낌에서 벗어나고 싶을 때 사각형에 약간의 변화를 줌으로써 평행사변형의 형태를 연출할 수 있다. 재미있는 형태를 지님과 동시에 방향성, 속도감을 느낄 수 있다. 안정감을 지니면서도 변화를 통해 재미를 표현할 수 있다.

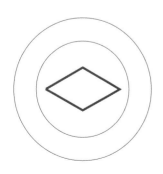

6) 비례(Proportion)

비례란 크기, 대소, 장단의 비를 뜻하는데, 균형과 비슷한 의미라고 할 수 있으나 균형보다 명확하고 정확한 수적 비율과 질서가 있다. 어떤 것을 전체로 놓고 보았을 때 그 전체를 구성하는 각 요소 간의 독특한 상호관계를 이루는 이상적인 비율이라고도 할 수 있다. 이러한 비례 중 가장 이상적인 몇 가지의 비례는 디자인의 기본원리로 현재까지 사용되고 있다. 가장 대표적인 것이 황금분할로 고대 그리스부터 내려오는 비례체계이다. 자연, 식물 속에서도 이러한 비례가 나타나며 시각적 작업에 중요한 역할을 하고 있다. 황금분할이 내재적으로 이루어져 있는 대상을 볼 때 사람들은 최고의 안정감과 아름다움을 느낀다.

(1) 삼각형

삼각형은 르네상스 시대부터 꾸준히 사용되어 온 전통적인 구도이다. 피라미드, 정물화, 풍경화의 구도, 꽃꽂이 등에서도 삼각형을 기본으로 하고 있다. 안정적이고 편안한 느낌을 주는 것과 동시에 날카로움과 방향성을 나타내기도 한다.

7) 강조(Emphasis, Accent)

강조는 사람의 시선을 집중시켜 주어 어떤 특정한 부분이나 내용에 십중하게 하여 변화를 주는 것을 뜻한다. 완전하고 강한 변화를 나타내기도 하지만 강한 통일감을 주어 한 곳에 시선을 고정시킬 수도 있다. 색채, 크기, 형태와 같은 다양한 요소를 통해 시선을 조절할 수 있다. 이러한 강조를 나타낼 때는 여러 가지 특성을 이용하여 단일화·복합화시킬 수 있으며 의도적인 시선의 유도라고 볼 수 있기 때문에 강제성을 지닌 유인성·원심성·확산성을 지니고 있다고 할 수 있다.

(1) 역삼각형

삼각형을 뒤집어 놓은 것과 같은 형태이다. 앞쪽으로 올수록 좁아지는 형태인데, 이러한 형태의 특징 때문에 날카로움, 공격적, 속도감, 불안함과 같은 느낌이 든다. 강한 임팩트를 줄 수 있으며 재미와 변화를 느낄 수 있는 형태이다.

8) 대비(Contrast)

대비는 긴 것과 짧은 것, 높은 것과 낮은 것, 넓은 것과 좁은 것, 큰 것과 작은 것, 무거운 것과 가벼운 것, 밝고 어두움, 부드러움과 딱딱함, 멀고 가까움과 같이 두 가지의 상반되는 요소들을 통해 생기는 느낌을 말한다. 이렇게 두 개의 상반되는 요소들 중에 먼저 영향을 받거나 자극을 받은 요소가 다른 자극에 영향을 받아서 강한 개성과 시각효과를 나타내게 된다. 대비는 강한 명쾌함, 대담함, 긴장감을 줌과 동시에 재미를 줄 수 있는 요소를 다양하게 지니고 있으며 다양한 스타일을 연출할 수 있는 강점이 있다.

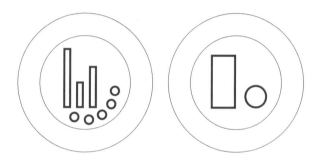

2. 접시 형태

요리를 담거나 디자인할 때 접시의 형태는 그림을 그리는 도화지의 선택과 같다고 할 수 있다. 도화지의 형태에 따라 거기에 그려지는 그림의 구도가 달라지듯이 그릇의 형태에 따라 요리의 디자인과 형태가 달라진다. 접시는 원형, 사각형, 삼각형, 역삼각형, 타원형, 평행사변형 또는 마름모형 등이 있으며 이러한 접시의 형태는 거기에 담기는 요리의 형태와 어우러져 보는 사람에게 다양한 이미지를 제공한다.

1) 원형

가장 기본이 되는 형태의 접시이다. 편안함, 원만함, 부드러움, 클래식함과 같은 이미시를 시니고 있다. 많이 사용뇌는 접시이기 때문에 지루하고 재미없는 느낌을 가질 수도 있다. 따라서 림(Rim) 부분의 무늬나 색을 이용하여 이미지에 변화를 줄 수 있으며 색, 요리의 종류, 놓는 방식 등에 따라 고급스럽고 안정적인 이미지를 연출할 수 있다.

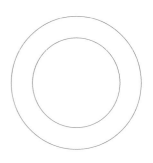

2) 사각형

현대적이고 모던한 이미지를 표현할 때 주로 사용한다. 안정되고 편안한 느낌을 줌과 동시에 세련되고 개성이 강한 이미지를 표현할 때도 사용한다. 안정적이면서도 변화를 줄 수 있기 때문에 창의적이고 재미있는 요리에 많이 사용한다. 많이 접하는 형태의 식기이기 때문에 친밀하고 익숙한 느낌을 연출할 수 있다.

3) 삼각형

이등변삼각형이나 피라미드형, 삼각형은 전통적으로 많이 사용하는 도형의 하나이다. 안정적이고 편안한 느낌을 줄 수 있으며 속도감, 날카로움, 변화의 느낌을 줄 수 있다는 특징이 있다. 자유롭고 재미있는 이미지의 요리에 사용할 수 있다.

4) 역삼각형

삼각형과 반대의 형태이다. 앞쪽으로 좁아지는 형태로 되어 있으며 식기 앞에 앉은 사람을 위협하는 것과 같은 느낌을 주기도 한다. 강하고 역동적인 이미지를 연출할 수 있다.

5) 타원형

정원의 변형으로 여성스러운 느낌을 나타낸다. 우아함, 기품이 있는, 여성스러움 등을 표현하고 있으며 따뜻하고 포근한 이미지를 줄 수 있다. 가장 변화를 주기 쉬운 식기의 형태를 지니고 있기 때문에 이미지를 다양하게 연출할 수 있다.

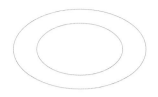

6) 평행사변형 또는 마름모형

사각형의 변형으로 되어 있으며 속도감, 재미, 감각적인 느낌을 지니고 있다. 평면으로 보이기도 하지만 동시에 입체감을 느낄 수도 있기 때문에 정형화된 느낌에서 벗어나 독특한 이미지를 연출할 수 있다.

FOOD
STYLING

PART

4

음식 담음새

음식 **담음새**

1. 한국

1) 한식 프레젠테이션

(1) 한식 프레젠테이션의 일반적 특징

한국 요리는 주로 채썰기나 다지기로 다듬어 조리되는
특징을 지닌다. 그릇에 담을 때의 재료는 선의 모양으로 이
루어진 구성이 많고, 요리는 입체적이기보다는 평면적이
다. 따라서 접시의 모양은 요리의 평면성을 고려한 디자인
이 대부분이다. 사각접시나 굽이 달린 그릇을 사용한 흔적
이 있으나 현대에는 밥, 국, 찜과 같이 그릇의 깊이를 필요
로 하는 요리를 제외하고는 평면적인 형태의 원형접시가
사용된다. 그릇의 색채나 문양은 대부분 단순하고 소박한
느낌이며 요리의 형태와 색채를 중요하게 여기기 때문에,
가운데가 봉긋 올라오게 담는다. 그릇은 옹기, 유기, 도자,
백자, 청자 등을 사용하며 식기에 따라서 요리를 담고 고명
을 올려서 연출하는 것이 한식 프레젠테이션의 기본이다.

(2) 한식 프레젠테이션 방법

절기나 반상의 종류에 따라 요리를 제공하는 한식은 사
계절의 식자재를 이용하여 연출하고 표현한다. 오방색을
기본으로 하여 만들어진 고명을 요리에 양념과 장식으로

사용한다. 적, 녹, 황, 백, 흑의 다섯 가지 색상으로 분류할 수 있기 때문에 오색고명이라 부르며 적색은 식욕을 가장 자극하는 색으로 알려져 있다. 이런 색상의 조합이 주재료와 어우러져 요리의 맛과 멋을 더해 주는 역할을 한다. 주로 사용되는 고명으로 고기완자, 달걀지단, 석이버섯, 은행, 통깨, 잣가루, 실고추 등이 있다.

✳ 한국 요리의 **대표적인 고명**

적색 ━ 홍고추, 홍피망, 비트, 당근, 대추

황색 ━ 치자, 계란(노른자)

녹색 ━ 미나리, 파, 호박, 오이, 시금치, 청고추

백색 ━ 계란(흰자), 잣, 호두, 죽순

흑색 ━ 석이버섯, 표고버섯, 목이버섯, 흑임자

(3) 한식 프레젠테이션 실무

한식은 요리의 색에 따라 연출하게 되는 고명이 달라진다. 어떠한 경우에도 요리의 색과 같은 색의 고명을 올리는 일은 없으며 대부분 요리의 색과 보색으로 이루어진 고명을 사용함으로써 강한 대비를 통해 시각을 자극한다.

요리의 색	메뉴	고명
적색	육회	파, 깨, 푸른 잎
	낙지볶음	파, 청고추, 깨
	김치	파, 깨
	고추장무침	파, 청고추, 푸른 잎
황색	계란찜	파, 새우(붉은 살)
	전	홍고추, 청고추
	호박죽	호박씨, 대추, 팥, 옹심이
녹색	샐러드	방울토마토, 붉은색 계열 채소
	나물	홍고추, 실고추, 깨
백색	청포묵	홍고추, 황색지단, 미나리
	생선회	푸른 잎 장식, 붉은 꽃 장식
	동치미김치	홍고추, 청고추
	두부	홍고추, 당근, 파
흑색	흑임자죽	대추, 해바라기씨, 잣
	갈비찜	당근, 밤, 대추, 은행
	묵	푸른 채소, 당근, 홍고추

2. 일본

1) 일식 프레젠테이션

(1) 일식 프레젠테이션의 일반적 특징

일본 요리는 주로 식재료 본연의 맛을 살리면서 깔끔하고 담백하게 조리하는 특징이 있다. 그러나 요리에 많은 기교를 이용하고 장식적이며 섬세하게 요리를 담아낸다. 요리를 담을 때에는 종교·세시풍속·고서에서의 유래 등을 바탕으로 하여 일정한 양식과 기본 법칙이 적용된다. 이러한 양식과 법칙은 담는 요리의 형태·크기·수량·식기의 관계에 대하여 오랜 세월 동안 고민하고 경험한 결과라고 할 수 있다. 이러한 경험을 바탕으로 식기와 요리의 조화를 고려하고, 주재료와 부재료를 통합적으로 연출하여 표현한다.

(2) 일식 프레젠테이션 방법

일식에서 가장 기본이 되는 담기는 회 담기로 수미산(불교의 세계관으로 세계의 한가운데 높이 솟아 있는 산) 형태를 형상화하여 담는 방법이다. 이 외에도 자연의 소재인 나뭇잎, 꽃 등을 이용하여 계절감을 나타내거나 무·당근과 같은 채소를 얇게 벗겨서 장식하기도 한다(무키모노). 이러한 방법들은 모두 자연을 축소하여 식기 안에 담으려는 노력을 통하여 자연의 계절, 색, 형태를 표현한 것이다.

일본은 고전적인 요리 담기의 방법이 현대의 요리 담기에도 적용되어 사용되고 있다. '스기모리'는 삼나무 형태에서 유래되었다. 식기의 바닥에서부터 차례로 담아 내는 원추형의 담기이며 응용범위가 가장 많은 담기의 방법이다.

'타와라모리'는 일정한 모양을 담을 때 사용한다. 안정된 삼각형으로 표현되며 쌀가마를 쌓아 놓은 형태에서 유래되었다. '카사네모리'는 타와라모리와 비슷하게 순차적으로 쌓으며, 일정한 모양이 아니라 다른 모양으로 쌓는 담기의 방법이다. '타이모라'는 평면이 되게 일렬로 담는 형태로 변화가 없으므로 재미를 주기 위해 식기와의 조화를 고려해 곁들일 요리로 변화를 준다. '마제모리'는 여러 종류를 섞어 조리한 요리의 담기 방법이다. 곁들임요리를 이용해 포인트를 줌으로써 변화를 준다. '아와세모리'는 일정 거리를 두고 흩어지지 않게 담아 내는 담기의 방법이다. '찬합담기'는 실내가 아닌 야외로 나갈 때나 연주회, 병문안, 설날 등과 같이 일본 요리에서 다양하게 사용되는 형태이다. 원래 4단을 기본으로 하며 제일 위부터 전채, 안주, 생선류, 조림의 순서로 담아 낸다.

스기모리

타와라모리

카사네모리

찬합담기

타이모라

타이모라

아와세모리

3. 중국

1) 중식 프레젠테이션

(1) 중식 프레젠테이션의 일반적 특징

중국 요리는 다양한 식자재와 조리 방법을 통하여 요리를 예술적으로 표현한다. 식기의 모양은 요리의 종류, 형태, 색채에 따라 다르며 주로 원형과 타원형을 사용한다. 한 접시에 담는 요리는 주재료와 부재료를 분리하지 않고 섞인 형태로 사용하고 요리의 장식은 요리와는 별개의 식자재를 사용하여 표현한다. 이때 사용되는 요리의 장식은 색채와 형태가 화려하고 기교가 넘치는 특징을 지닌다.

중국 요리의 특징은 식자재, 썰기, 조미료, 화력, 요리 속의 사상 등으로 꼽을 수 있다. 따라서 식자재의 엄격한 선택, 정교한 썰기, 다양한 맛내기, 적당한 불조절 등을 통해 색, 양, 향, 미, 기의 5박자를 갖춘 중국 요리가 완성된다.

(2) 중식 프레젠테이션 방법

중국 요리를 식기에 담을 때의 종류는 주변장식, 중앙장식, 혼합장식으로 나누어 볼 수 있다. 주변장식은 주가 되는 요리를 접시의 가운데 담고 요리의 색, 형태, 맛, 크기에 따라 주변을 식자재로 장식하는 방법이다. 중앙장식은 장식이 되는 것을 식기의 한가운데 놓는데, 주로 조각품이 사용된다. 이 장식을 중심으로 요리를 배치하는 방법이다. 혼합장식은 요리와 장식을 섞어서 함께 연출하며 그 구분이 뚜렷하지 않게 담는 방법이다.

주변장식 사례   중앙장식 사례   혼합장식 사례

4. 서양

1) 양식 프레젠테이션

(1) 양식 프레젠테이션의 일반적 특징

서양 요리는 그리스, 이탈리아, 프랑스를 중심으로 하며 유럽과 미국에서 발달한 요리를 말한다. 서양의 식자재로는 수산물, 육류 등이 주로 사용되며 우유, 유제품, 유지류를 많이 사용한다. 주로 사용하는 조미료는 소금, 향신료, 주류이다.

소금은 식자재의 맛을 그대로 유지시켜 주며 향신료와 주류는 요리에 향미와 풍미를 더해 주고, 다양한 소스를 만들어 낸다. 이러한 서양 요리는 광범위한 식자재의 선택, 체계적인 재료의 배합과 분량, 오븐의 사용을 통하여 식품의 맛, 향, 색을 살려서 조리하는 특징이 있다.

(2) 양식 프레젠테이션 방법

식기 내에서 프레젠테이션의 목적은 식기 안의 모든 구성요소에 각각의 역할을 부여하여 기능성과 예술성을 높여 줌으로써 고객의 만족을 유도하는 것이다. 따라서 어떻게 프레젠테이션해야 하는지에 대한 접근방법과 그에 대한 내용은 구성요소를 고려하여 체계화한다면 하나의 통일된 이론으로 정립할 수 있다. 이러한 프레젠네이션의 구성요소는 다음과 같다.

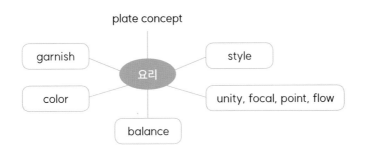

요리를 담을 때에는 요리를 먹을 사람, 모임의 성격, 식사의 목적을 고려하여 식기를 선택한 후에 어떠한 콘셉트로 연출하고 담을 것인지를 계획한다. 예를 들어 생일파티나 잔치의 요리는 화려하고 푸짐하게 담아야 하는 반면에, 엄숙하고 격식을 갖춘 모임의 요리는 그에 알맞은 분위기를 맞추어 담아야 한다. 이러한 점들을 고려하여 요리를 담는 방식은 전통적 프레젠테이션, 비전통적 프레젠테이션 방식의 두 가지로 분류할 수 있다. 전통적 프레젠테이션 방식은 접시 하단부의 중심에 주요리를 놓고 상단부에 좌우대칭이 되게 가니시를 놓는다. 안정적이고 균형 잡힌 프레젠테이션 방법이긴 하지만 조리사의 창의성이나 독창성의 표현에는 한계가 있다. 비전통적 프레젠테이션 방식은 조리사의 창의성과 독창성을 바탕으로 자유롭게 구성한다. 요리의 조화, 비례, 균형을 고려하여 고객의 상황과 요구에 맞는 연출로 요리를 담아 낸다.

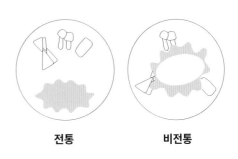

전통   비전통

양식 전통 프레젠테이션

양식 비전통 프레젠테이션

(3) 양식 프레젠테이션 실무

접시에 요리를 담을 때는 균형, 색상, 모양, 향, 크기
등을 고려하여 식자재(주재료, 부재료), 요리의 형태, 요
리 원가 등을 결정하여 담아야 한다. 이때 요리가 접시
의 안쪽에 있는 원을 벗어나지 않아야 하며 요리를 먹는
사람의 편리성을 고려하여 담아야 한다. 식자재 각각의
특성을 파악하여 여백의 미를 살려서 담아야 하며 불필
요한 가니시는 담지 않는다. 또한 적절한 소스를 사용하
여 요리의 색, 모양을 잡아 주며 담아 낸다.

요리를 접시에 담을 때의 기본은 균형, 색상, 모양, 질
감, 향, 크기로 나눌 수 있다. 코스, 영양, 식자재, 조리방
법, 질감, 색상, 크기, 모양 등의 조화로운 배열, 배치를
통해 균형을 맞춰야 하며 인공적인 색상은 배제하고 자
연스러운 색상을 사용하여 3색 이하로 맞추는 것이 좋
다. 또한 다양한 형태로 채소를 잘라 사용하되 주재료
와 같은 모양은 배제하며 메뉴계획 때부터 두 가지 이
상의 같은 질감, 너무 딱딱하거나 무른 질감도 배제한
다. 향의 중복 사용을 배제하여 식재료의 향, 색, 모양
등의 균형을 맞추고 식재료의 크기와 요리의 용도에 따
라 완성된 요리의 크기가 달라질 수 있으므로 너무 크
거나 작은 것은 유의한다.

✳ 요리를 접시에 담는 순서

플레이스 스케치(위치 선정) → 배열스케치(배열라인 생성) → 중앙초점(무게 중심) → 주요리 배열(간격과 질
서) → 가니시 배열(수량과 모양) → 세팅(고객편의 중심)

PART
5

푸드스타일링
연출의 기본

1 연출 재료

푸드스타일링 **연출의 기본**

1. 연출 재료

식자재 고유의 느낌과 표정을 살려 푸드스타일링을 하는 데에는 다양한 연출도구가 필요하다. 이러한 연출도구는 크게 연출도구, 식품재료, 특수재료로 분류될 수 있다.

1) 연출도구

푸드스타일링을 진행하기 위해 항상 기본으로 요구되는 재료들로 어떤 도구가 어떻게 사용되는지 정확히 숙지하여야 현장의 상황에 맞게 이용할 수 있다.

(1) 가방

- 튼튼하고 단단한 하드 케이스
- 작은 칸이 많이 나누어져 있어 수납이 용이한 구조
- 밴드를 이용하여 내용물이 흩어지지 않게 고정

(2) 앞치마

- 작은 수납 주머니가 많아서 물건의 보관이 용이

(3) 다리미

- 모든 종류의 패브릭류를 다리기 위해 필요

(4) 분무기

- 패브릭류를 다릴 때 사용
- 과일이나 야채 표면의 신선도를 표현하기 위해 사용
- 물방울이 맺히는 느낌을 표현할 때 사용

(5) 붓

- 커피, 물엿, 기름을 바를 때 사용
- 액체의 종류에 따라 붓을 다르게 사용하는 것이 좋음
- 소스를 이용해서 식기를 연출할 때 사용

(6) 이쑤시개, 산적꽂이

- 식자재를 고정할 때 사용
- 미세하게 수정할 때 사용

(7) 그릴용 쇠막대

- 고기나 야채에 그릴 자국을 낼 때 사용

(8) 핀셋

- 작거나 뜨거운 물체를 잡을 때 사용
- 미세하게 수정할 때 사용

(9) 계량컵

- 재료의 양을 정확히 계량할 때 사용
- 200ml의 양이 기준

(10) 계량스푼

- 재료의 정확한 계량을 위해 사용
- 양쪽의 스푼이 있는 경우 큰 스푼은 15ml, 작은 스푼은
  5ml로 구분

(11) 스패튤라(미술용 유화 나이프)

- 작은 케이크, 빵, 버터에 잼을 펴 바를 때 사용
- 버터, 땅콩버터가 펴 발라진 느낌을 연출할 때 사용

(12) 시침핀

- 식자재를 고정할 때 사용
- 섬세하게 연출할 때 사용

(13) 실

- 음식물을 고정할 때 사용
- 면을 묶어 삶아서 연출할 때 사용

(14) 면봉

- 식기에 묻은 소스나 이물질을 정교하게 정리할 때 사용

(15) 주사기

- 국물을 더하거나 뺄 때 사용
- 물방울을 만들어 낼 때 사용

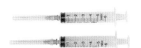

(16) 스포이트

- 국물을 더하거나 뺄 때 사용
- 음료의 수위를 조절할 때 사용
- 물방울을 만들어 낼 때 사용

(17) 깔때기

- 소스, 음료를 옮길 때 사용

(18) 작은 칼

- 섬세하게 연출할 때 사용
- 과일이나 채소의 모양을 낼 때 사용

(19) 작은 가위

- 섬세하게 정리할 때 사용
- 정교한 마무리 작업에 사용

(20) 작은 체

- 슈가파우더, 코코아파우더, 시나몬파우더와 같은 가
  루를 체칠 때 사용

(21) 아이스크림 스쿱

- 아이스크림을 풀 때 사용
- 요리를 돔 형태로 만들 때 사용

(22) 스쿱

- 과일, 야채를 동그랗게 퍼서 장식할 때 사용

(23) 제스트

- 오렌지, 레몬, 라임과 같은 과일의 껍질로 채 썬 효과를 낼
  때 사용
- 껍질을 이용해 웨이브와 리듬감 있는 표현을 할 때 사용

(24) 필러

- 채소, 과일의 껍질을 벗길 때 사용
- 정교하고 다양한 형태의 요리를 완성할 때 사용

(25) 토치

- 생선, 소시지, 닭 오븐구이, 그라탱 등의 표면 질감을
  표현할 때 사용

(26) 블라워 브러시

- 배경 천에 미세한 먼지나 가루를 털 때 사용

(27) 거품기

- 거품을 낼 때 사용
- 소스를 섞을 때 사용

(28) 면포

- 맑은 국물을 낼 때 사용

2) 식품재료

기존의 식품을 이용하여 특수한 느낌과 효과를 낼 때 사용하는 재료를 뜻한다.

(1) 식용유

- 고기와 같은 요리에 윤기를 줄 때 사용

(2) 엿

- 소스의 농도를 조절할 때 사용
- 요리의 농도를 조절할 때 사용
- 요리에 윤기를 줄 때 마무리로 사용

(3) 커피

- 빵, 고기의 익은 느낌을 연출할 때 사용
- 간장으로 커피 느낌을 연출할 때 사용

(4) 간장

- 육수, 소스, 아메리카노 커피를 연출할 때 사용

(5) 베이비오일

- 고기와 같은 요리에 윤기를 줄 때 사용
- 식용유와 같은 용도이나 무색인 것에 사용

(6) 식용색소

- 식용 가능한 색소로 요리의 색을 더욱 선명하게 살릴 때 사용

3) 특수재료

특수효과를 내기 위한 재료로 포토그래퍼를 위한 전문재료이다. 예전에는 사진작업할 때만 사용했으나 최근에는 푸드스타일링을 위해서도 사용한다.

(1) 인조 거품

- 맥주 거품을 연출할 때 사용
- 풍부하고 꺼지지 않는 거품 연출에 용이
- 두 가지 용액을 섞으면 거품이 발생

(2) 인조 얼음

- 녹지 않는 얼음으로 연출할 때 사용
- 얼음 대용으로 사용

(3) 인조 크리스털 얼음

- 위스키 광고에 사용
- 투명하고 깨끗한 느낌의 얼음을 연출할 때 사용
- 깨지거나 녹지 않으며 3cm×3cm, 3.5cm×3.5cm의 두 종류가 있다.

(4) 인조 반투명 각얼음

- 냉동실에서 막 꺼낸 차갑고 하얀 얼음을 표현할 때
  사용

(5) 인조 얼음 알갱이

- 팥빙수, 물고기 밑의 얼음을 표현할 때 사용

(6) 인조 물

- 쏟아진 물의 모양을 연출할 때 사용
- 어떤 표면에서든지 물 느낌의 연출이 가능

(7) 인조 이슬

- 맺혀 있는 물방울을 연출할 때 사용

(8) 인조 물방울

- 신선한 과일, 야채 촬영에 사용
- 빨대, 스포이트로 찍어서 사용

(9) 인조 연기

- 뜨거운 음료, 국물을 연출할 때 사용
- 두 가지 약품을 양옆에 붙여 놓으면 연기가 발생

(10) 인조 아이스크림

- 녹지 않은 아이스크림 느낌의 반죽

- 바닐라, 초코, 땅콩, 딸기, 크림의 5종류가 있음

(11) 인조 눈

- 눈의 모습을 연출할 때 사용

(12) 특수접착제

- 피사체를 붙이거나 세우기 어려울 때 사용

- 사용 후엔 깨끗하고 쉽게 제거

(13) 반사 제거 스프레이

- 거울, 유리, 도자기, 금속 촬영 시 표면에 뿌려 반사광
  을 없앨 때 사용

- 사용 후 마른 천으로 닦으면 쉽게 제거됨

FOOD STYLING

PART
6

기법 연출

1. 이미지 도출 방법

푸드 스타일리스트에게서 뛰어난 아웃풋을 뽑아내는 작업은 창의적이고 독창적인 아이디어의 발상에서부터 시작된다. 푸드 스타일링 작업에서 중요한 것은 콘셉트에 맞는 적절한 형태와 표현 방법을 찾아내는 것이다. 그러나 독창적인 형태를 발견하고 찾아냄과 동시에 고유한 형태를 지키는 것은 생각하는 것만으로는 부족하다. 따라서 형태를 전개하고 표현하는 과정에 있어서 훈련과 연습이 필요하다.

새로운 푸드 스타일링 형태와 구도의 아이디어는 창조적인 생각에서부터 시작된다. 아이디어는 식재료, 혹은 기존 음식의 질서를 무너뜨리지 않으며, 새로운 모습과 형태로 변해야 한다. 동시에 스타일링을 성립시키는 심미성, 실용성, 독창성 등 여러 가지 조건을 유기적으로 만족시킬 수 있어야 한다. 따라서 아이디어는 발상의 단계부터 실용성과 심미성, 독창성의 조화와 통일을 염두에 두고 전개되어야 한다.

푸드스타일링 새로운 이미지 도출 시 체크리스트

- ☑ 다른 용도는 없을까?
- ☑ 다른 데서 아이디어를 얻을 수 없을까?
- ☑ 완전히 바뀐 것을 써보면 어떨까?
- ☑ 확대해보면 어떨까?
- ☑ 축소해보면 어떨까?

- ☑ 대용하는 것은 어떨까?
- ☑ 교환하는 것은 어떨까?
- ☑ 역으로 해보면 어떨까?
- ☑ 조합해보면 어떨까?*

● 디자인 방법론 연구. 임연웅. P64-66 저자 재구성

이미지 도출은 주어진 하나의 콘셉트에서부터 발전되는 아이디어의 진행을 뜻하는데 콘셉트는 커피와 아이스크림처럼 형상화시킬 수 있는 것에서부터 캐주얼이나 모던과 같이 추상적인 것에 이르기까지 다양하다. 이렇게 하나의 콘셉트가 주어졌을 경우 그와 연관 지어 떠오르는 모든 단어를 나열하는 과정이 바로 이미지 도출이다.

이러한 과정을 통하여 콘셉트의 보조 기능을 수행할 수 있는 이미지를 뽑아낼 수 있다. 이렇게 뽑아낸 이미지는 다양한 요소들을 포함하고 있기 때문에 그중에서 자신에게 필요한 이미지를 중심으로 다시 아이디어 전개를 해야 한다. 이러한 과정을 통해 도출된 이미지가 콘셉트를 진행하는 가장 기본적인 요소가 된다. 따라서 이미지 도출은 하나의 작품을 진행, 완성하기 위한 가장 기본적인 내용이 되는 것이다.

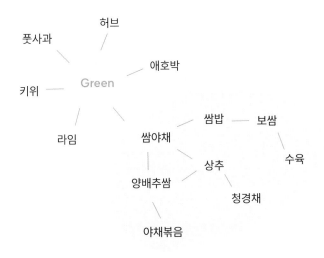

그린 컬러 이미지 도출 사례

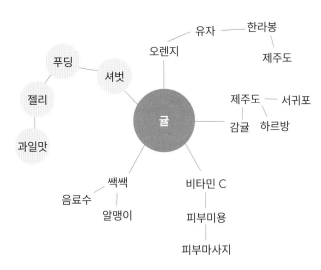

오렌지 푸드 이미지 도출 사례

식재료가 아닌 컬러로도 이미지를 도출할 수 있다. 한 가지 컬러에서 연상되는 모든 이미지의 내용을 적어 나간다. 그렇게 하여 결정된 한 가지에서 심도 있는 아이디어를 진행해 나간다. 이미지 도출의 방법과 형태는 꼭 어떻게 해야 한다고 정해진 것이 없다. 어떠한 방식과 형식을 취하더라도 본인이 내용을 파악하기 편한 방법을 취하는 것이 가장 좋다.

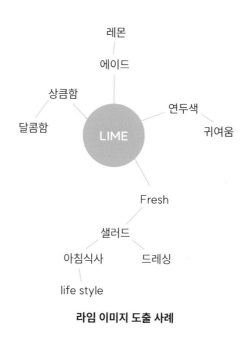

라임 이미지 도출 사례

특정 한 가지의 주제를 가지고 어떤 이미지를 만들지에 관한 이미지 도출 내용이다. 가장 먼저 주제에서 떠오르는 생각과 파생되는 이미지를 무차별적으로 적어본다. 그렇게 해서 나온 내용 중에 자신이 전개하기로 결정한 내용을 중심으로 더욱 심도 있게 이미지를 도출해 낸다. 그렇게 하여 나온 내용 중 한 가지의 내용으로 결정하여 작업을 진행한다. 즉, 주제만 봤을 때는 난해하고 광범위하던 내용이 이미지 도출을 거치면서 구체화된 내용으로 정리될 수 있다.

1) 이미지 보드 및 시안 작업

"이미지 + 보드"라는 뜻으로 이미지 도출 과정에서 뽑아진 이미지들을 중심으로 관련된 기존 이미지들을 찾아가는 과정이다. 이런 과정을 통하여 기존의 다른 이들은 같은 콘셉트를 어떤 방향으로 바라보고 작품을 연출하였는지를 알 수 있다. 이렇게 모인 이미지들을 한 눈에 들어오도록 정리하여 보드와 같은 형태를 만드는 것을 뜻한다. 예를 들어 한 가지 콘셉트로 촬영을 하려고 할 때 아이디어 도출을 통해 콘셉트가 정해진 과정에서 콘셉트에 맞고, 어울릴 만한 이미지를 찾게 된다. 즉, 완성될 결과물의 과정을 보드화 하는 것이다. 따라서 이미지 보드 안에는 콘셉트와 이미지가 있어야 한다.

또한 프레젠테이션 할 때 자신의 안을 보충하기 위해서, 혹은 콘셉트를 설명하기 위해서, 아니면 자신의 콘셉트가 우월하다는 것을 증명하기 위해서, 진행되었던 과정들의 이미지들을 붙여서 클라이언트에게 설명할 때 보충자료로 쓰는 보드이다.

그린 컬러 이미지 보드 및 시안 작업 사례

옐로 컬러 이미지 보드 및 시안 작업 사례

오렌지 컬러 이미지 보드 및 시안 작업 사례

2) 이미지 맵

'IMAGE MAP'이란 의미 그대로 이미지의 지도를 만드는 것을 말한다. 이미지맵을 만들기 위해서는 우선 이미지의 좌표를 쉽게 알아 볼 수 있어야 한다. 이미지맵은 통상 그림 지도라고 생각할 수 있으며 조사하고자 하는 대상을 이해하고 분석하기 위한 자료로 사용하기 위해 만든다. 어떤 대상에 관해서 본인이 느낀 이미지를 중점적으로 모으는 방법은 대상을 바라보는 본인의 주관적 시각을 나열하는 것으로 위에 말한 이미지맵의 목적, 조사하고자 하는 대상의 다양하고 객관적인 이미지를 담아내기에는 문제가 있다. 이미지맵은 광고, 제품디자인, 시각 디자인, 의상디자인, 건축 등 매우 대양한 분야에서 각각의 경우에 따라 이미지맵의 조사 조건을 달리하여 표현할 수 있다.

이미지 맵을 만들 경우 맵의 조건을 달리하여 조사할 수 있다. 이러한 조건에 따라 모은 자료(대부분 사진 등등)를 한데 모아 유형으로 묶일 수 있는 공통점들끼리 나열한다. 비슷한 요소 또는 조건끼리 모아서 각각의 연관성에 따라 그림이 서로 가깝게, 연관성이 먼 것끼리 서로 멀게 또는 특성에 따라 위치를 달리 하든가, 여성적 남성적에 따라, 대중적 귀족적 등등에 따라 자기가 설계한 조건으로 객관적인 이미지맵을 만들 수 있다.

이렇게 만들어진 이미지맵은 이후 아이디어 스케치나 콘셉트 도출 등을 위한 기초 조사로 많은 도움을 준다.

이미지 맵

모던한

부드러운

딱딱한

클래식

레드 컬러 이미지 맵 사례

이미지 맵

부드러운

깔끔함

캐주얼함

고전적인

그린 컬러&옐로 컬러 이미지 맵 사례

2. 연출 조리

촬영을 위한 푸드 스타일링에는 다양한 기법이 존재한다. 공식이 있는 것이 아니고 현장의 상황과 재료에 따라 유동적이다. 이 장에서는 기본적인 가이드 라인이 될 수 있는 기법을 제시하되, 그 기법을 기본으로 하여 진행을 하는 스타일리스트에 따라 다양한 시도와 변화를 통해 보다 더 나은 스타일링 방법을 찾아낼 수 있다.

1) 밥

완 성

과 정

밥 촬영 기법	
날짜	담당교수

재료	밥, 베이비오일(또는 청주), 휴지, 이쑤시개
실습내용	1. 고슬고슬한 밥을 준비한다. 2. 밥그릇에 휴지를 1/2 정도 채워준다. – 밥만 담을 경우 눌린 느낌이 드는 진밥과 같이 될 수 있다. 3. 휴지 위에 밥을 올리고 볼록하게 밥을 담고 밥알 하나하나 잘 살아나도록 이쑤시개를 이용해서 밥알을 세워준다. 4. 베이비오일로 밥이 더 윤기나 보이게 살짝 발라 연출한다. **Tip** • 식용유는 노란 빛이 돌 수 있으므로 무색의 베이비오일이 적합하다. • 모델이 밥을 먹을 경우에는 밥을 지으면서 뜸을 들일 때 청주를 넣기도 한다.
결과 및 소감	

2) 아이스크림

과 정

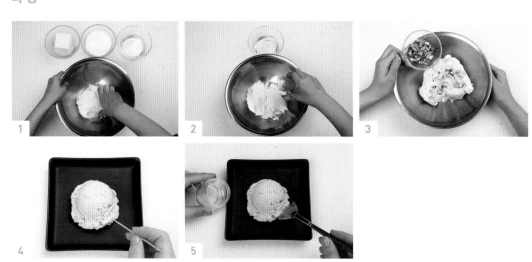

아이스크림 촬영 기법	
날짜	담당교수

재료	슈가파우더 450g, 쇼트닝, 마가린(버터)8큰술, 물엿 1/4컵, 피스타치오, 호두, 건포도, 드라이 아이스, 이쑤시개, 식용 색소, 초코시럽, 딸기시럽, 오레오 과자 등 스쿱
실습내용	1. 믹싱볼에 슈가파우더, 마가린, 약간의 물엿을 넣어 반죽한다. 　– 온도에 따라 쇼트닝이 녹는 정도가 달라지므로 손에 닿는 감촉으로 양을 조절하여야 한다. 2. 어느 정도 반죽이 되면 원하는 색소를 넣고 반죽한다. 3. 건포도, 호두 등 연출하고자 하는 것을 넣어 반죽을 완성한다. 4. 스쿱으로 떠서 아랫부분을 이쑤시개로 위아래 방향으로 긁어 자연스럽게 한다. 　* 스쿱의 연출에 따라 아이스크림 시즐(sizzle)이 좌우된다. 5. 그릇이나 접시에 예쁘게 담는다. 6. 녹는 시즐감을 표현하기 위해 물엿이나 물을 살짝 발라도 좋다.
결과 및 소감	

3) 국수

과 정

국수 촬영 기법	
날짜	담당교수

재료	국수면, 지단, 호박, 당근, 소고기, 느타리버섯, 무, 간장 약간, 소금, 실

실습내용	1. 계란지단은 소금을 넣고 부쳐내서 색깔이 선명해지도록 한 후 채 썬다.
	    – 경우에 따라 노란색 식용 색소를 섞어 색을 더 진하게 내기도 한다.
	2. 손질된 재료와 지단을 채 썬다.
	3. 호박은 돌려깎기 한 후 채 썬 다음 끓는 물에 소금을 넣고 살짝 데친다.
	4. 당근은 돌려깎기 한 후 채 썬 다음 끓는 물에 소금을 넣고 살짝 데친다.
	   – 채소를 데치면 색이 더 선명해진다.
	5. 국수면은 가늘게 잡아서 실로 묶어서 삶아준다.
	6. 삶아서 꺼낸 면은 바로 얼음물에 담근다.
	7. 익힌 무를 그릇 바닥에 1/3 정도 되게 놓고, 실로 묶은 면을 무 위에 올린다.
	8. 완성된 고명을 면 위에 올려 손질한다.
	9. 국수국물은 간장을 맑게 하여 비커에 담아 면이 풀리지 않게 하여 국물을 담는다.
	
	(Tip)
	• 사골국물의 느낌일 경우에는 우유나 액상분말, 사골곰탕 등을 넣어 맑게 해서 찍는다.

결과 및 소감	

4) 우동

완성

과정

우동 촬영 기법	
날짜	담당교수

재료	우동면, 버섯, 판 어묵, 쑥갓, 청고추, 홍고추, 대파 흰 부분, 당근, 익힌 무 상황에 따라 : 가쓰오부시, 우유, 해물, 곤약, 간장 등
실습내용	1. 우동면은 투명해질 때 까지 삶아 준 후 바로 얼음물에 담근다. 2. 우동국물은 간장으로 맞춘다. 색이 연하면 숟가락으로 조금씩 간장을 조절하여 색을 낸다. 3. 판 어묵은 칼, 가위 등으로 둥글게 다듬어 준다. 4. 쑥갓은 얼음물에 담가 놓는다. 5. 고추는 어슷 썰어서 물에 담가 놓고, 씨를 뺀다. 6. 당근은 모양을 낸 뒤 끓는 물에 소금을 넣고 살짝 데친다. 7. 곤약은 잘라서 꼬듯이 모양을 낸 후 냄비에 간장과 물을 끓인 후 곤약을 간장색을 내준다. 8. 그릇에 익힌 무를 넣은 후 ①의 우동면을 올린 후 고명 재료들을 올린 후 ②의 간장 물을 그릇 　끝 쪽으로 고명이 흐트러지지 않도록 넣는다. （Tip） • 우동 국물 색은 눈으로 보는 것보다 흐리게 만든다.
결과 및 소감	

6) 수프

완성

과정

수프 촬영 기법	
날짜	담당교수

재료	생크림과 밀가루를 주로 사용, 무, 물엿, 야채즙(옥수수-노란색, 당근-오렌지색, 시금치-녹색, 감자-백색)

실습내용	1. 수프 접시에 무를 그릇 높이보다 낮게 잘라 삶은 후 담는다.
	  – 수프의 양이 부족할 때도 용이하다.
	2. 냄비에 밀가루 반 컵, 물 반 컵을 넣고 밀가루 죽을 만들다.
	3. 투명 물엿을 넣어 밀가루가 분리되는 것을 막아 준다.
	4. ③에 원하는 야채즙을 넣는다.
	5. 멍울이 안 지게 체에 걸러 국자로 담는다.
	6. 수프 위에 장식은 핀셋으로 놓고 무가 있는 부분 위에 올려 놓는다.
	  – 야채 장식이 가라앉는 것을 방지할 수 있다.

결과 및 소감	

7) 햄버거

과 정

햄버거 촬영 기법	
날짜	담당교수

재료

햄버거 빵 1개, 양파 1/2개, 겨자 잎, 간 돼지고기나 쇠고기 200g, 토마토 1/2개,
슬라이스 치즈, 원형 세라클

실습내용

1. 고기의 표면이 매끄러울 정도로 곱게 다져 많이 치대어 준비한다.
2. 빵보다 큰 틀에 고기를 넣어서 손으로 잘 눌러 모양을 잡고, 고기 반죽의 중간을 손으로 눌러 주어 부풀어 올라오는 것을 방지한다.
3. 고기를 익힐 때는 보이는 부분인 옆면부터 갈라지지 않도록 돌려가면서 익히고, 앞뒤로 골고루 익힌다.
4. 빵에 접착제를 사용하여 참깨를 붙여 더 맛있어 보이도록 만든다.
5. 참깨를 붙인 빵을 잘 굽거나 커피를 발라 연출한다.
6. 빵 위에 채소(겨자잎)를 올린 다음 꼬치를 이용하여 고정한다.
7. 그 위에 고기, 치즈, 양파, 토마토, 겨자잎, 빵을 순서대로 올리고 고정한다.
8. 고기에는 기름을 발라 윤기를 낸다.
9. 토마토에는 글리세린을 이용하여 물방울을 연출해 싱싱함을 더해준다.
10. 주사기를 이용하여 마요네즈를 겨자잎에 조금씩 올린다.
    – 겨자잎의 결이 양상추보다 이쁘고 곱게 나온다.
11. 완성된 햄버거에 기름을 발라서 마무리한다.

결과 및 소감

8) 카레라이스

카레라이스 촬영 기법	
날짜	담당교수

재료

밥 1공기, 양파 1/2개, 감자 1개, 당근 1/2개, 고기 100g, 카레가루 1/2컵, 노란 식용색소, 물엿, 베이비오일, 가니시 채소 약간

실습내용

1. 채소는 깍둑썰기한 후 모서리를 둥글게 다듬어 준비한다.
   - 익은 듯한 느낌을 표현하기 위함
2. 끓는 물에 소금을 넣어 채소를 넣어 데치고 체를 이용해 건져낸다.
   - 선명한 색이 나온다.
3. 준비해 둔 고기는 깍둑썰기 하여, 팬에 볶는다.
4. 카레가루를 물에 잘 푼다.
5. 노란 식용색소를 몇 방울 떨어뜨려 색을 선명하게 해준다.
6. 물에 잘 풀어 준비해 둔 카레를 서서히 끓이면서 윤기를 내기 위해 물엿을 넣는다.
7. 풀어둔 카레에 손질해 놓은 야채를 넣고 끓인다.
8. 밥은 고슬고슬하게 지어서 그릇에 담고 베이비오일을 발라준다.
9. 완성된 카레를 그릇에 담는다.
10. 완성된 카레라이스에 모양이 좋은 야채를 사이사이에 넣어서 색과 모양을 잡아준다.

(Tip)
• 밥은 베이비오일을 발라서 윤기를 더하고, 이쑤시개를 이용해서 고슬고슬하게 만들어 준다.

결과 및 소감

9) 배추김치

완 성

과 정

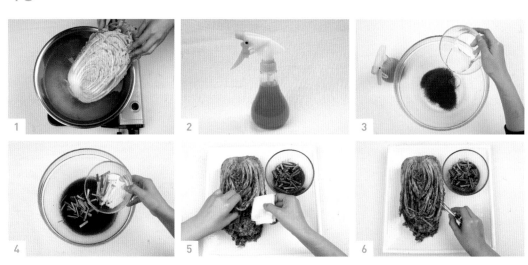

배추김치 촬영 기법	
날짜	담당교수

재료	배추 4쪽 기준 배추 2통, 굵은 소금 5~6컵, 고춧가루 2컵, 물엿 1컵, 새우젓 50g, 액젓 30cc, 간 붉은 고춧물, 고추장 1/2컵, 무채, 실파, 당근 채, 미나리, 깨, 식용유, 기타 장식할 가니시
실습내용	1. 배추는 반을 갈라 끓는 물에 겉잎 쪽으로 먼저 살짝 데쳐낸다. 2. 고춧물 만들기 – 홍고추의 씨를 제거한 후 물과 함께 믹서에 갈아 체에 거즈를 얹어 걸러낸 다음 스프레이 통에 넣어둔다. 3. 볼에 고춧가루, 물엿, 고춧물을 넣고 섞어준다. 　더 붉은색이 나게 할 때는 고추장을 조금 넣기도 한다. 　색을 보며 양을 조절한다. 4. 무, 실파, 미나리는 같은 길이로 채 썬 다음 ③을 넣어 버무린다. 5. 배추의 물기를 짜고 ②의 고춧물을 골고루 뿌려 색을 입히고 휴지나 페이퍼 타월을 넣는다. 6. ③의 양념을 배추에 골고루 바르고 ④의 채소를 배추 위에 자연스럽게 얹는다. (Tip) • 촬영 후 식용유를 살살 발라 윤기를 내기도 하고, 깨를 뿌리기도 한다.
결과 및 소감	

10) 닭 오븐구이

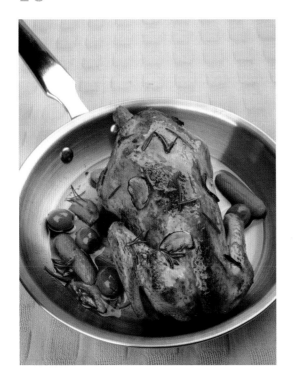

과 정

닭 오븐구이 촬영 기법	
날짜	담당교수

재료

영계 1마리, 이쑤시개, 젖은 수건, 핀셋, 실과 바늘, 토치램프, 오븐

실습내용

1. 잘 손질한 닭을 준비하여 닭 껍질의 털은 핀셋을 사용하여 제거한다.
2. 젖은 수건을 배에 넣어 통통해 보이게 한다.
3. 닭다리는 실로 잘 묶어 준다.
4. 닭 표면에 기름을 발라 준 후 오븐에 30분 정도 굽는다.
   (예열된 오븐에 180도에서 약간 갈색이 날 때까지 굽는다.)
5. 닭의 표면에 커피를 발라 구운 듯한 느낌의 색상을 연출한다.
6. 허브나 마늘처럼 닭에 들어갈 부수 재료를 핀셋으로 붙인다.
7. 토치 램프로 겉을 익혀주며 색을 익은 듯한 시즐을 만든다.

결과 및 소감

11) 음료

완 성

과 정

1

2

3

음료 촬영 기법	
날짜	담당교수

재료　　글라스, 자동차용 왁스, 스프레이, 글리세린, 식용 색소, 과일 재료

실습내용

1. 글라스에 이물질이나 지문이 없도록 깨끗이 씻어 준다.
2. 글리세린을 주사기에 담아서 컵 표면에 찍은 후 스프레이로 물을 분무한다.
3. 음료의 색은 식용 색소를 사용하여 색감을 좋게 한다.
   (과일 주스의 경우 과일 본래의 컬러를 살려주는 것이 중요하다.)

 Tip
• 컵에 자동차용 왁스를 바르고 닦아낸다. 그 위에 글리세린과 물을 섞은 액체를 스프레이 하거나 칫솔과 같은 곳에 묻여 튀겨낸다.
• 컵이 차가워야 물방울이 잘 표현된다.

결과 및 소감

12) 알코올 음료

완성

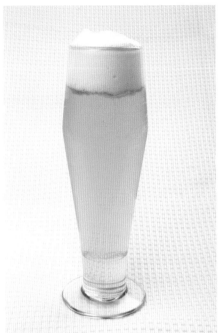 

과 정

맥주

위스키

알코올 음료 촬영 기법	
날짜	담당교수

재료

깔때기, 약품, 계란 흰자, 거품기, 맥주
위스키, 크리스털 얼음

실습내용

〈맥주 촬영 시〉
1. 맥주의 탄산을 미리 빼놓고 거품이나 탄산이 벽에 묻었을 경우 면봉으로 닦아준다.
2. 약품이나 계란 흰자를 이용해 만들어진 거품을 맥주 위에 올린다.

〈위스키 촬영 시〉
1. 선명한 색을 내기 위해서 도수가 높은 술은 미리 데워서 알코올을 날려준다.
2. 얼음 대용의 인조 크리스털 얼음을 사용해서 연출한다.

결과 및 소감

1. 클라이언트의 요구사항에 따라 작업한다.

2. 레시피를 참고하여 요리 만드는 것을 기본으로 한다.

3. 촬영용 요리는 비주얼을 고려하여 조리순서를 무시하는 경우도 있다.

4. 어두운 부분과 밝은 부분의 차이를 고려한다.

5. 하얀색은 시각적으로 크게 나타나는 효과가 있으므로 이 부분을 미리 배려한다.

6. 요리를 너무 많이 담아 식기의 여백을 가리지 않아야 한다.

7. 식기 안에 먹을 수 없는 재료를 이용하여 장식하지 않는다.

8. 요리가 화려하면 식기는 소박한 것을 사용하고, 요리가 소박하면 식기는 화려한 것을 사용한다.

9. 채소는 너무 익혀서 숨이 죽게 하지 말고 색이 살 수 있을 만큼만 데쳐 낸다.

10. 컬러가 부각되는 경우 식용색소를 이용하여 컬러감을 살려 준다.

11. 고기는 마른 느낌을 주지 않기 위해 물엿, 기름을 이용하여 윤기를 준다.

12. 채소는 마르지 않고 싱싱한 느낌을 표현하기 위해 스프레이를 이용하여 물을 뿌려 준다.

13. 아이템의 크기, 두께, 길이를 통일해야 사진에서 깔끔하게 연출된다.

14. 너무 인위적인 느낌이 나지 않도록 자연스럽게 연출한다.

15. 잘게 다진 채소, 허브를 이용하여 요리의 주변에 뿌려 주면 리듬감 있게 연출된다.

16. 국물을 연출할 때 기름이 뜨지 않도록 주의한다.

17. 식재료의 다양한 부분을 연출하여 보여 준다.

18. 요리의 질감을 명확하게 살려 준다.

PART

7

디지털
카메라의 이해

7 디지털카메라의 이해

1. 디지털카메라의 기능

푸드스타일리스트의 작업에서 카메라는 매우 밀접한 연관성을 지닌다. 때문에 카메라에 대한 이해가 뒷받침되어야만 더욱 수월하고 편안한 작업을 할 수 있다. 카메라를 사용하는 사람은 카메라에 대해서 알고 있어야 상황에 알맞게 좋은 사진을 얻어 낼 수 있다. 자동형 디지털카메라, 수동형 디지털카메라, 렌즈 교환형 SLR 타입의 디지털카메라에 대한 차이점과 기본기능에 대한 이해를 바탕으로 카메라를 활용해야 한다.

최근 들어 디지털카메라의 비중이 더욱 높아지고 있기 때문에 이에 대한 정확한 이해가 필요하다. 본 장에서는 렌즈 교환이 안 되는 디지털카메라에 한정하여 알아보겠다. 렌즈 교환이 되는 SLR 타입의 디지털카메라는 필름을 사용하는 SLR 카메라의 기능과 거의 똑같다고 생각하면 된다.

1) 접사한계와 시차에 대한 파악

디지털카메라는 자동으로 초점을 맞추므로 초점을 맞추는 과정이 필요 없다. 디지털 카메라의 특징은 접사능력이 뛰어나 극도의 클로즈업 기능이 가능하며 어떠한 촬영이든 원하는 크기로 접사촬영을 할 수 있다. 따라서 자신의 디지털카메라로 어느 정도까지 접사할 수 있는지 알아 둘 필요가 있다.

디지털카메라는 파인더나 LCD모니터를 보고 촬영하는데 이 두

가지 모두 해당되는 겸용의 경우에는 시차에 대한 파악을 하여야 한다.

레인지 파인더 방식의 디지털카메라는 파인더를 보고 촬영하면 본 것보다 15%가 더 나오는데 이는 파인더의 시야율이 85%밖에 안 되기 때문이다. 반면 LCD모니터를 보면서 촬영하면 거의 100% 그대로 나온다.

2) 조리개와 셔터스피드에 관한 기능

렌즈 구멍의 크기를 조절하는 것은 조리개이며 촬영되는 시간을 조절하는 것은 셔터스피드이다. 카메라는 이 둘에 의해 정확한 양의 빛을 받아들이고 이미지를 형성한다. 물론 이 둘이 어떻게 조절되느냐에 따라 느낌이 다른 사진이 나오게 된다.

조리개는 F와 함께 숫자로 2, 2.8, 4 등으로 셔터스피드는 125, 500, 1,000 등의 숫자 또는 1/125, 1/500, 1/1,000 등의 숫자로만 표시된다. 자신의 카메라에 이러한 것이 있다면 수동촬영이 가능하다는 것이고 이러한 조절기능이 없는 카메라라면 완전한 프로그램 방식의 디지털카메라이다.

셔터스피드 빠름 ─────────▶ 셔터스피드 느림

3) ISO 변경기능

ISO(감도)를 어떻게 설정했냐에 따라 조리개와 셔터스피드의 값이 달라진다. 높은 수치면 조리개의 구멍을 크게 열지 않거나 셔터스피드를 빠르게 설정하고도 적정노출로 촬영할 수 있다.

디지털카메라에서는 자동이득조정이라고 하는 AGC(Auto Gain Control)회로가 카메라의 메뉴를 통해서 규정레벨 수치를 임의로 변경시키는 것이다. 디지털카메라에서 ISO(감도)를 지나치게 높게 설정하면 노이즈나 얼룩 등이 발생하기도 한다.

디지털카메라에서는 기본적으로 ISO 100에 설정되어 있는데 이 기준에 따라 촬영하는 것보다 피사체의 상황과 촬영조건에 맞추어 ISO의 수치를 조절하여 촬영하면 더 좋은 결과물을 얻을 수 있다. 때문에 본인의 디지털카메라의 ISO 조절방법과 조절 가능한 범위는 미리 숙지해 두어야 한다.

ISO
높음

ISO
낮음

4) 해상도 범위

　디지털카메라의 총 화소 수는 이미지 기록
화질을 최대로 설정한 것을 말하며 디지털카메
라에는 기록화질을 설정하는 방법이 몇 가지로
나누어져 있다. 최대화질로만 촬영하면 촬영컷
수가 줄어들기 때문에 경우에 따라 낮은 화질
을 적절히 섞어 이용하는 지혜도 필요하다.

　자신의 디지털카메라에 사용하는 메모리카
드의 최대화질과 최소화질을 체크하여 각각 몇
컷이 촬영되는지, 화질을 결정하는 범위가 어
떻게 되는지, 조작하는 방법 등을 숙지하여 조
절해서 촬영해야 한다.

해상도 높음 　　⟶　　 해상도 낮음

5) 화이트 밸런스 범위

우리 눈은 항상 고유의 색 식별을 가능케 하지만 카메라는 촬영하는 장소에 따라 색온도를 맞춰 주어야 한다.

디지털카메라에는 다양한 색온도에 대응하도록 하는 화이트 밸런스 기능이 있다. 때문에 본인의 카메라가 무작정 오토로 조절되는지, 색온도의 숫자로 조절할 수 있는지, 상황에 대한 수동조절이 되는지 알아 두어야 한다. 화이트 밸런스의 범위는 태양광, 태양광 아래의 그늘, 흐린 상황, 실내의 백열등 아래, 형광등 아래, 플래시를 사용하는 상황 등에 각각 맞추며, 자신의 디지털카메라에서 어느 정도까지 조절되는지 알아 두어야 한다.

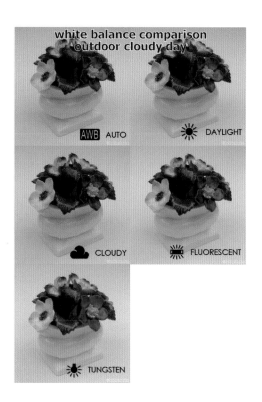

6) 카메라 배터리 확인

디지털카메라는 반드시 배터리가 필요하다. 충전된 상태의 배터리로 사용가능 시간과 대체가능한 배터리 종류도 알아 두어야 한다. 배터리는 잔량이 남아 있는 상태에서 충전하면 전기량이 감소하므로, 완전히 소비된 후에 충전하여야 한다.

7) PC와의 연결방법

컴퓨터 모니터를 통해서 촬영된 이미지를 제대로 볼 수 있는 것이 디지털카메라이다. 디지털카메라에 USB 코드를 꽂아 컴퓨터와 연결하는 방식도 있고, 카메라의 메모리 카드를 빼내서 PC에 끼우거나, 플로피디스크에 끼우는 방식도 있다. 사용 전에 자신의 카메라 조작방법을 알아 두도록 한다.

✳ 카메라 기본 사항 – 디지털카메라

카메라 바디	카메라 이름 : 고 유 번 호 : 보 는 방 식 : 셔 터 방 식 :
렌즈	카메라에 장착된 기본 렌즈 : ~ mm렌즈 　　　　　　　　　　(35mm로 환산하면 ~ mm) 렌즈의 밝기(F) 접사한계(cm)
메모리 카드	Compact Flash / Smart Media / Memory Stick / 기타 ( ) 　　　　　　MB / GB
센서의 크기와 화소 수	CCD 또는 COMS의 크기 : 총 화소 수 :　　　　　/ 유효 화소 수:
해상도	최대 해상도 : 최소 해상도 :
감도(ISO) 변경 기능	감도 설정 범위 (~)
연사모드	초당 ( )컷
LCD모니터	크기 :
화이트 밸런스	자동 화이트 밸런스 (O X) 그 외 모드 (　　　　　　　　　　　　　　　　　　　　)
배터리	
셔터스피드와 조리개 선택방법	완전 수동기능 ( ) 셔터스피드 우선식[Tv 또는 S]기능 ( ) 프로그램 색기능 ( ) 조리개 우선식[Av 또는 A] ( )
이중(다중)촬영	
셀프타이머 기능	위치 : 단위 : 초/ 초
셔터스피드 설치	(B. T) 30초, 8초, 1초, 1/2초. ~ 1/ 초
조리개 설치	F
TTL 노출을 확인하는 방법(M기능에서)	LCD 패널　　　　　　　LCD모니터
노출 보정장치	위치 : 단위 : +3, +2½, +2, +1½, ±0, −½, −1½, −2, −2½, −3, 　　　 EV −2, −1, ±0, +1, +2 / ¼ X ½ X, 1X, 2X
플래시	내장플래시(　　　　　)
	별도의 플래시 이름( ) 고유번호 : (　　　　　　) 플래시 동조 셔터스피드:(X접점,　1/　초에 동조)
PC와의 연결방법	PC 카드 어댑터 / 플로피디스크 어댑터 / USB 코드
기타 기능	

2. 사진 촬영방법

1) 트라이포드나 모노포드의 사용

사진의 흔들림을 방지하기 위해 가장 일반적으로 트라이포드(삼각대)를 사용한다. 트라이포드는 카메라를 튼튼하게 받쳐 유지해 주며 좁은 장소에서는 한 개의 다리로 유지하는 모노포드가 편리하다. 또한 트라이포드를 사용할 때 순간적인 떨림을 막기 위해 셔터 버튼을 누르기보다는, 케이블 릴리즈를 사용하기도 한다.

2) 주위의 지형물을 이용

촬영 보조장비들이 없을 경우 주위의 지형물을 최대한 이용한다. 벽에 등을 기대거나, 울타리 담벽 등의 다른 물체에 어떤 식으로든 몸을 고정시키면, 카메라를 쥔 손이 안정되어 그냥 찍는 것보다 흔들리지 않는 사진을 얻을 수 있다.

3) 안정된 촬영자세

가장 일반적인 자세는 서서 촬영할 때 양다리를 어깨 넓이로 벌리고, 한쪽 발을 다른 발보다 앞에 두고 서거나 상황에 따라 군대의 사격자세를 응용할 수도 있다. 삼각대나 기댈 조형물이 없는 상황에서는 이런 안정된 자세가 흔들림을 방지할 수 있다. 로앵글일 경우 자신의 무릎에 한쪽의 팔꿈치를 기대어 촬영하면 카메라의 떨림을 막고 안정감을 준다.

4) 셔터스피드의 선택

셔터스피드와 관련하여 손으로 들고 촬영할 때는, 렌즈의 초점거리보다 더 빠른 셔터스피드를 사용한다. 즉 35mm 카메라의 표준인 50mm 렌즈를 사용할 경우에는 1/60초, 또는 이보다 더 빠른 셔터스피드로 촬영하고 105mm 망원렌즈를 사용한다면 1/125초나 이보다 더 빠른 셔터스피드여야 흔들리지 않는 사진을 완성할 수 있다.

5) 촬영 순간의 호흡

카메라를 들고 촬영하는 경우 촬영 순간의 호흡이 사진의 흔들림에 영향을 줄 수 있다. 셔터 버튼을 누르기 전에 숨을 내쉰 후 셔터 버튼을 누르는 것이 좋다. 또한 셔터버튼을 눌러 셔터가 풀리는 소리를 들은 후에도 끝까지 이를 누르고 있는 것도 중요하다. 자동카메라나 디지털 자동카메라의 경우 셔터 버튼을 눌렀다고 바로 촬영되는 것이 아니므로 카메라 쥔 손을 한동안 움직이지 않도록 한다.

3. 사진의 표현

1) 기본 앵글

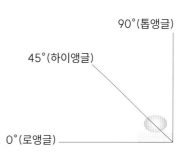

보통 테이블에 앉아서 요리를 먹는 눈높이가 45도이고, 이것을 기준으로 하이앵글(high Angle)과 로앵글(Low Angle), 톱앵글(top Angle)로 나눠진다.

2) 기본 조명

반 역광을 사용하고 빛을 고르게 분산시킬 수 있는 트레이싱페이퍼나 소프트박스를 이용한다.

3) 보조도구

높이가 있거나 반투명인 요리는 거울이나 은박지를 이용하여 빛의 역광을 만들어 사용하면 좋다.

4) 아웃포커스

먼 부분의 초점이 흐려지는 상태를 말하며, 이미지 컷에 많이 사용하는데 공간감이 표현되며 부드러워 보인다.

5) 팬포커스

전체가 모두 또렷하게 나오는 상태로 정보용 또는 실루엣용으로 사용하기도 한다.

6) 콘트라스트

밝고 어두움의 차이로 콘트라스트가 크다는 것은 밝은 부분과 어두운 부분의 차이가 크다는 것을 말한다.

7) 할레이션

사진에서 하얗게 나오는 부분으로 이렇게 표현된 밝은 부분은 요리에 생동감을 주지만 국물요리는 반사되어 내용물이 잘 표현되지 않으므로 조심해야 한다.

✳ 사진촬영 시 **푸드스타일링 노하우**

① 실제보다 적게 요리를 담는다.
② 포인트가 되는 요소는 요리의 라이트 방향으로 놓는다. 예) 허브잎 또는 장식 포인트
③ 조명의 위치를 파악하여 그림자가 떨어지는 방향을 염두에 두고 소품을 배치한다.
④ 미세한 부분으로 표현할 때는 핀셋이나 도구를 이용하여 세심하게 연출한다.
⑤ 사진의 각도에 따라 요리가 담기는 접시의 위치와 높이를 달리 표현해야 한다.
⑥ 카메라 앞에 놓이는 소품이나 요리는 작은 것을 놓는다.
⑦ 허브잎, 포인트 양념은 찍기 직전에 올려 생생함을 표현한다.
⑧ 국물이 있는 요리는 촬영 직전에 국물을 부어 준다.
⑨ 배경 천은 구김 없이 다려야 깔끔한 연출 사진을 얻을 수 있다.

FOOD STYLING

PART 8

푸드
스타일링과
매체활동 영역

푸드스타일링과 매체활동 영역

1. 잡지

잡지Magazine에서의 푸드스타일링은 기획, 섭외, 시안 상의, 푸드스타일링 준비 및 촬영, 편집 및 디자인, 인쇄 순으로 진행된다.

1) 잡지 제작과정

(1) 제작 기획

잡지의 기획은 잡지 안에 진행할 아이템을 결정하고 전반적인 방향을 설정하는 것이다. 대표적으로 트렌드, 계절, 식문화, 영양, 테이블 세팅과 같은 5가지 정도의 아이템을 나누어 기획하게 된다. 주로 다루는 주제와 그 주제에 따른 아이템을 잘 이해하고 준비해 두는 것이 좋다.

① 트렌드 아이템

각 시기, 혹은 각 연도별 트렌드를 반영하고 있는 아이템

건강음식Well-being Food, 올리브유Olive Oil, 유기농 식품Organic Food, 컬러푸드Color Food, 민족성 음식Ethnic Food 등

② 계절 아이템

각 계절을 대표하여 계절의 특징을 살리는 아이템

봄(두릅, 딸기), 여름(수박화채, 냉면), 가을(송편, 밤, 대추), 겨울(김장, 크리스마스 만찬) 등

③ 식문화 아이템

각 나라의 식문화를 표현하며 그 나라를 대표하는 아이템

한국(김치), 일본(초밥), 태국(똠얌꿍), 인도(카레), 멕시코(토르티야), 이탈리아(파스타) 등

④ 영양학적 아이템

영양에 관련하여 정보를 제공해 줄 수 있는 아이템

블랙푸드(검정콩, 검정두부), 레드푸드(토마토, 석류), 화이트푸드(마늘), 균형식Balanced Diet, 건강기능성 식품(스쿠알렌), 스포츠 음료(포카리 스웨트) 등

⑤ 테이블 세팅

각각의 아이템에 맞는 상차림과 그에 맞는 연출 아이템

클로스, 매트, 커틀러리, 냅킨, 네임카드 등

(2) 섭외

기획을 통하여 주제가 정해지면 해당 기획을 진행할 에디터가 결정된다. 에디터의 결정 이후 연출을 진행할 수 있는 포토그래퍼, 요리연구가, 푸드스타일리스트, 그래픽 디자이너 등의 인원을 섭외하여 각각의 스케줄을 조정한다.

(3) 시안 상의

시안은 본 촬영을 진행하기 전에 시험 삼아 미리 만들어 보는 안으로 이를 통해 본 촬영의 문제점과 완성되는 그림을 예상할 수 있다. 정해진 주제에 맞는 시각적인 방향, 레이아웃을 결정하고 그에 맞는 시안으로 연출해 봄으로써 작품의 완성도를 높이고 원활한 소통을 가능하게 한다.

(4) 준비 및 촬영

시안 상의 후 확정된 콘셉트에 맞는 소품과 식재료를 준비한다. 정해진 주제가 잘 표현될 수 있도록 촬영을 진행한다.

(5) 편집 및 디자인

편집과 디자인은 촬영이 진행됨에 따라 수정될 수 있으므로 최후에 확정된 것으로 진행한다.

(6) 인쇄

디자인이 끝난 파일은 출력 후 인쇄를 통해 그 달의 잡지로 완성
된다.

✳ **잡지 촬영과정**

① 제작 기획 ➡ ② 섭외 ➡ ③ 시안 상의(대본 검토) ➡ ④ 준비 및 촬영

➡ ⑤ 편집 및 디자인 ➡ ⑥ 인쇄

촬영 의뢰서

잡지명 : 웨딩21		
담당기자 : ○○○	**칼럼명** : 푸드	**쪽수** : 4page
촬영장소 : ○○○ 스튜디오	**촬영날짜** : ○월 ○일	**푸드스타일리스트** : ○○○실장님

칼럼 주제 : 봄의 손님맞이를 위한 특별한 테이블세팅
– 각 테이블 아이템을 이용한 집에서 따라하기 쉬운 연출법

구성 레이아웃

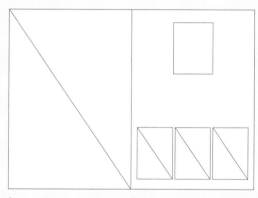

1 page 2 page

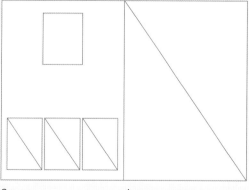

3 page 4 page

＊ 의뢰 내용
– 테이블세팅의 특별한 연출방법을 아이템별로 제시해 주세요.
– 봄 느낌이 나게 연출하되 가정에서 쉽게 이용할 수 있는 연출법을 제시해 주세요.
– 런치와 디너의 테이블 콘셉트는 다르게 하고 풀 세팅컷으로 마무리할 예정입니다.

푸드스타일링 작업 시 자주 사용하는 용어에는 일본어가 많다. 현장에서 촬영할 때 많이 사용하므로 간략하게 용어를 이해하고 있는 것이 좋다.

베다
푸드스타일링 할 때 요리의 배경으로 깔리는 천, 종이, 나무, 한지 등 다양한 배경 연출 소재들을 의미한다.

누끼
기본 바닥에 사진을 찍은 후 사진 안에서 원하는 부분만을 오려 사용하는 것을 말한다.

도비라
표지 사진 또는 주제 사진 등의 이미지 컷을 말한다.

간지
어떠한 작업의 결과물, 혹은 진행과정상 그 느낌이나 분위기가 좋은 것을 말한다.

과정 컷
요리가 만들어지는 순서에 대한 이미지를 말한다.

2. 요리책

요리책에서의 푸드스타일링은 기획과 촬영 순으로 진행된다. 최근 들어 요리를 테마로 하는 책이 많이 출판되고 있다. 레시피를 담아낸 책, 여행과 요리를 담아낸 책, TV의 프로그램을 모은 책, 음식 관련 블로거의 책, 개인 홈페이지를 소개하는 책 등 매우 다양하다. 이처럼 다양한 책들이 출판되는 데 있어 푸드스타일리스트는 요리의 스타일링을 포함하여 책의 기획과 편집에 관련된 업무를 수행해야 하는 경우도 생기고 있다. 따라서 요리책을 구성할 때 필요한 기획능력을 키워야 한다.

1) 요리책 제작과정

(1) 기획

요리책의 기획작업에서 콘셉트와 타깃층은 가장 중요한 요소이다. 콘셉트와 타깃층의 방향이 어느 정도 설정되면 요리책 구성에 관련된 구체적인 내용을 기획한다. 기획을 할 때에는 기획서 작성을 통하여 명확하게 내용을 제시해 주는 것이 좋다. 기획서를 작성할 때는 기획의 목적, 기획 방향, 출간물의 성향과 특이사항, 출간물에 포함된 내용에 관한 목록을 구체적으로 작성하여야 한다.

(2) 촬영

요리책의 촬영도 잡지 촬영과 비슷하지만 잡지보다 사전작업을 철저하게 진행한다. 인쇄물 전체를 한 사람이 끌고 나가야 한다는 특징이 있으며 요리를 잘 전달하기 위해서 전체 페이지를 컬러로 작업하게 된다. 따라서 산만하지 않고 통일성 있게 작업해야 한다. 이를 위해서는 전체적인 톤과 색감, 디자인을 비슷하게 하는 것이 중요하다. 디자인 작업을 할 때에는 요리책의 판형(사이즈), 인쇄될 종이의 종류와 질감, 제본형태에 따라 레이아웃Lay Out이 결정된다. 이에 따라 요리사진의 컷Cut 수와 사이즈가 정해진다. 요리

책은 문자보다 그림으로 전달하는 내용이 많은데 특히 표지의 경우 책의 전체 느낌과 분위기를
보여 주는 대표 사진이 되기 때문에 시즐Sizzle감이 살아 있는 사진을 선택하는 것이 좋다.

출판기획안 20□□｜09｜17

제목 : 푸드닥터 추천 평생 동안피부로 가꿔 주는 피부 만찬(가제)
필자 : 김진숙(푸드스타일리스트·파티 플래너), 염정섭(청담 휴피부과 원장)
예상 페이지 : 200p
예상 가격 : 13,000원
분류 : 가정과 생활〉 건강, 요리
담당 : 조윤정
출간예정일 : 20□□년 12월

기획의도

▶ 수술이나 시술 없이 '생얼 & 동안 미인' 되기!

수술 않고, 연예인 같은 피부 만들기

최근 연예인들의 '생얼'이 수많은 포털에서 자주 등장하며 많은 검색을 유도하고 있다. 그만큼 여성이라면 아름답고 매끄럽고 촉촉하며 윤기 흐르는 피부를 가지고 싶어 한다. 요즘 이런 피부 예찬은 여성만이 아닌 남성들까지로 그 폭을 넓혀 가고 있다.

물론 얼굴을 사람들에게 각인시키는 연예인처럼 많은 돈을 성형이나 피부관리 등에 사용한다면, 거칠고 나이 들어 보이는 피부는 좋아질 수 있을 것이다. 그렇지만 많은 돈 들이지 않고, 또 수술이라는 부담 가는 일을 벌이지 않고도 연예인 같은 피부를 만들 수 없을까라는 생각을 하고 있는 여성들이 대부분일 것이다. 그런 생각을 하는 사람이라면 지금부터 일상에서 손쉽게 구할 수 있는 제철 재료들로 피부 미인에 도전해도 늦지 않다. 피부과 전문의와 푸드닥터의 퍼스널 코치로 시작하는 평생 늙지 않는 동안피부 대작전! 많은 스트레스와 오염에 노출된 내 피부, 이젠 맛있게 먹으면서 간편하고 저렴하게 관리하자.

▶ 요리 하나로 몸 안과 밖 모두를 다스린다!

먹는 요리로는 몸 안을, 바르는 팩으로는 몸 밖을! 두 마리 토끼를 다 잡아야 피부미인!

바쁜 현대인들에게 가장 치명적인 것이 요리이다. 예를 들어 직장인의 경우, 아침을 거르고 출근해서, 점심에는 기름진 요리와 폭식으로 배를 채우고, 저녁에는 동료들과의 회식에서 과음 등으로 하루를 보내기도 한다.

내가 한순간 잘못 선택한 요리로 몸속 건강을 해칠 수도 있고, 이것은 곧 내 피부의 적이 된다. 섭취하면 좋지 않은 요리들로 인해 몸 안에 독소들이 쌓이고, 이것은 바로 피부 여기저기에 나타난다. 내 몸 상태가 좋지 않을 때 뾰족뾰족 올라오는 뾰루지를 보면 피부는 몸속과 깊은 연관이 있다는 것을 알 수 있을 것이다. 이 책 〈피부 만찬〉은 내 몸 안과 밖에 이로운 요리가 무엇인지 또 그것은 어떻게 내 몸속과 피부를 정화시키는지 쉽게 풀어간다. 아픈 사람들은 피부 또한 거칠고 윤기가 없으며, 혈색도 좋지 않다. 몸속이 좋지 않으니 겉인 피부가 좋을 리 없는 법. 우선 피부를 위해 해야 할 일은 몸에도 좋으면서 피부까지 좋아지는 요리를 찾아보는 일일 것이다. 이 책은 몸 안의 건강도 되찾고, 피부까지 화사해질 수 있는 일석이조의 책으로 구성된다. 피부과 전문의가 제공하는 피부와 관련된 팁으로 피부상태를 재생하고, 푸드닥터의 요리 제안으로 일상에서 쉽게 구할 수 있는 초간단 레시피로 맛있게 몸의 건강도 되찾자.

▶ 요리 하나로 몸 안과 밖 모두를 다스린다!

따라하기 쉽도록 초간단, 몸에 좋도록 천연재료!

피부라는 것은 우리 몸의 일부이기 때문에 사람마다 체질별로 관리방법이 달라질 수 있다. 이 책에서는 체질별로 피부를 분류하고, 또 피부상태별로 분류하여 내게 맞는 피부관리법을 찾아 준다. 그리고 피부상태에 따른 계절별 피부관리 노하우까지 푸드닥터가 제안하는 요리와, 전문의의 팁을 통해 쉽게 알려준다.

무엇보다 요리라는 것은 쉽게 구할 수 있는 재료와 냉장고에서 금방 찾아 해 먹을 수 있는 것이 큰 장점으로 작용한다. 큰 마음먹고 요리책을 보고 따라하려 해도 제시한 재료가 하나라도 없으면 하기 싫고, 책 또한 보기 싫은 책이 되고 만다. 그래서 이 책에서는 초간단 식재료를 제시하고, 자연에 가까운 요리법과 대체할 수 있는 재료까지 보여 준다.

(피부 만찬 참고사진)

독자(Target)

피부는 나이와 성별에 상관없이 모두에게 관심있는 분야이다. 지친 일상을 살고 있는 여성과 술과 담배로 찌든 남성에게도 좋은 책. 젊음을 유지하고픈 10~20대는 물론, 노화가 시작되는 30~40대 여성들에게 맞춤인 책

저자 소개

김진숙

대학에서 국문학이 전공이었지만, 요리에 대한 남다른 열정으로 조리학을 공부했다. 그 후 푸드스타일리스트로 활동하면서 대학원에서 식공간 연출을 공부했다. 수도 푸드코디네이터 아카데미 팀장으로 재직하면서, 대장금 DVD와 책을 스타일링했고, 캐릭터 도시락으로 TV에 출연한 것을 계기로 TV특종 놀라운 세상, 스펀지, 무한지대, 행복한 오후 등 30여 편의 TV프로그램에 출연했다.

2005년 헤이리 예술마을에 금산갤러리 복합문화공간인 '플라워 카페 & 파티 블루메(blume)'를 운영하면서 갤러리 오프닝, 시상식, 패션 브랜드 론칭, 음악회 등의 수많은 행사 케이터링을 했다. 그 외에도 KM TV icon100에서는 20~30대 트렌드 리더로 출연, EBS 일하는 여성 새로운 선택에서는 푸드스타일리스트편에 출연했다.

2007년 북경 따산즈에 금산갤러리 복합문화공간인 북경 블루메도 오픈했으며, 현재는 안양과학대에서 푸드스타일링 강의를 하고 있다. 지은 책으로는 〈캐릭터 도시락〉(황금부엉이), 〈파티플래닝〉(교문사), 〈푸드스타일링〉(백산) 등이 있다.

염정섭
아주의대 졸업. 노원 을지병원 피부과 과장을 역임했다. 현재 청담동 휴피부과 원장을 맡고 있다.

출간일정
20□□년 9월 : 계약
20□□년 9~10월 : 원고 구성 및 촬영
20□□년 11월 : 편집, 디자인
20□□년 11월 4주 : 출간

예상 구성 및 차례
프롤로그 – 맛있는 요리, 피부에 양보하세요! (전문가에게 듣는 피부와 요리의 상관관계)

part 1) 365일 피부가 더 좋아하는 피부 만찬!
 　　– 제철 재료를 활용한 피부에 좋은 재료와 효능 소개
 　　– 제철 재료를 활용한 메뉴 소개
 　　– 제철 재료를 활용한 천연팩 소개
part 2) 피부 타입별, 목적별 피부 만찬!
 　　– 건성피부, 지성피부, 중성피부, 민감성피부에 따른 메뉴와 관리법, 팩 등 소개
 　　– 김태희의 V라인, 송혜교의 동안, 성유리의 생얼, ○○○의 탄력피부 따라잡기
 　　– 계절별 트러블 방지용 팩, 관리법 소개(바캉스 전후, 환절기, 황사, 감기, 아토피 등)
part 3) 피부관리실 부럽지 않은 데일리 피부 만찬
 　　– 냉장고에 있는 재료들로 만들 수 있는 데일리 피부 요리와 팩, 효과만점 스킨케어 스킬
 　　– 화장은 하는 것보다 지우는 것이 더 중요하다!– 피부 속 피지까지 쏙~ 빼주는 천연 클렌징
 　　– 피부관리실 부럽지 않다!– 집 안에서 손쉽게 하는 목욕, 마사지, 전신피부 관리법

시장 현황 및 마케팅 방안
① 피부미남 프로젝트 : 당당한 남자 되기 첫 번째 미션
 　송중기·황민영 공저 | 안테나북 | 정가 15,000원 | 20□□년 4월 | 판매지수 12,039
② 아기피부 세안법 : 하루 5분, 비누거품으로 달라지는 얼굴(양장)
 　무사시리에 저, 이서연 역 | 헤르메스미디어 | 정가 9,500원 | 20□□년 11월 | 판매지수 9,312
③ Dr. 정혜신의 셀프 피부관리법
 　정혜신 | 경향미디어 | 정가 13,000원 | 20□□년 2월 | 판매지수 6,051

→ 현재 기획 중인 〈피부 만찬〉은 피부에 관심이 많고 여드름으로 고민이 많은 10대부터 노화가 시작되는

30대까지 다양한 연령층이 타깃이 될 수 있다. 이들의 시선을 사로잡기 위해서는 손쉽게 재료를 구할 수 있으면서도, 부담이 없는 관리법을 소개해야 한다. 또한 푸드 전문가가 요리를 제안하고, 피부 전문의의 속 시원한 궁금증 해결이 강점이라 할 수 있다.

피부에 관한 책 중 집에서 간단하게 할 수 있는 내용들은 전문가의 조언이 없는 것으로 보인다. 자칫 신뢰감이 떨어지고 무작정 따라하기에 걱정이 될 수 있다. 또 피부 전문의나 한의사가 제안하는 것은 이론이 많아 어렵게 느껴지고, 요리에 관한 식이요법만 나열되어 있는 것이 현실이다. 푸드 전문가와 피부과 전문의가 골라 주는 쉽게 먹을 수 있는 요리와 스킨케어같이 내 피부를 충전할 수 있는 모든 것이 들어 있다.

1. 마케팅 방안

1) 온라인 마케팅
- 서평 이벤트 – 인터파크, 예스24 서평단 모집, 리뷰 이벤트 진행
- 한정 이벤트 – 피부과 전문의 진료상담 쿠폰
- 경품 이벤트 – 반영구 마스크시트

2) 오프라인 마케팅
- POP 제작 및 대형서점 매장 광고

3. 방송

방송에서의 푸드스타일링은 기획, 섭외, 시안 상의, 준비 및 촬영, 편집, 방송 순으로 진행된다. 방송에서 푸드스타일링을 할 때 가장 중요한 부분은 프로그램의 콘셉트를 정확히 이해하고 그에 맞는 연출을 하는 것이다. 따라서 푸드스타일리스트는 프로그램에 대한 정확한 이해를 바탕으로 촬영을 준비해야 한다.

1) 방송 제작과정

(1) 기획

방송에서 가장 중요한 부분은 아이템 선정이라고 할 수 있다. 프로그램에 따라 엔터테이너적인 요소를 요구하는 프로그램부터 아카데믹한 요소를 요구하는 프로그램까지 그 분야는 광범위하다고 할 수 있다. 따라서 각 프로그램이 어떠한 성격과 콘셉트를 가지고 있는지, 그에 따른 요구가 무엇인지를 정확히 파악해야 한다.

(2) 섭외

프로그램의 성격과 콘셉트가 결정되고 그 방향이 명확해지면 주제를 가장 잘 표현하고 연출할 수 있는 푸드스타일리스트를 섭외한다. 방송에서의 푸드스타일리스트는 단순히 감각이 있는 스타일리스트의 역할뿐만 아니라 쇼를 할 수 있는 엔터테이너의 역할을 요구하기도 한다. 따라서 방송의 성격에 따라 푸드스타일리스트도 연예인과 비슷한 역할을 하기도 한다.

(3) 시안 상의

프로그램의 기획과 섭외가 완료되면 정해진 내용의 진행을 위해서 작가와 피디가 의견을 조율하게 된다. 조율된 내용과 결과는 작가에 의해서 푸드스타일리스트에게 전달되며 그 과정에서 푸드스타일리스트와 작가 간에 의견 조율을 하게 된다. 푸드스타일리스트와 작가가 의견을 조율한 후 결정된 요리와 세팅에 관하여 대본 협의가 진행된다.

(4) 준비 및 촬영

시안 상의가 끝나면 2~3일에서 일주일 정도의 시간을 두고 촬영을 준비한다. 보통 방송은 시간 여유가 적기 때문에 빠른 속도로 소품을 준비하고 장을 봐 두어야 한다. 이 과정에서 내용의 수정이나 재협의를 하기도 하며 수정된 사항이 있을 때는 대본도 그에 맞게 수정한다. 또한 이때 촬영에 관한 전반적인 내용을 숙지한 후에 준비해야 한다.

(5) 편집 및 방송

촬영이 진행된 후 기획, 섭외, 시안 상의, 준비 및 촬영의
결과물을 편집하여 방송한다.

✴ **방송 촬영과정**

요리 체험 만나! 맛나!   – 1회 스튜디오 대본 –

기획 : 오정석
대본 : 방윤정, 정현식
연출 : 박희상
진행 : 오종철
패널 : 김효연, 비트인, 박한나, 맹창민, 김예원, 양홍준

녹화일시 : 20□□년 9월 5일(화)
방송일시 : 20□□년 9월 8일(목) pm 7:00
녹화장소 : EBS 방송센터 1 스튜디오

S# 8. 스튜디오

(좌) 맛나밴드 / 김효연 / 오종철 / 꼬마요리사들(우)
일동 앞에 놓아 둘 물건 : 애호박, 밀가루, 소금, 고기소, 조리도구들
일동 : 앞치마, 요리사 복장
김효연 : 요리 진행
꼬마요리사들 : 요리 만듦
오종철 : 양쪽을 오가며 중계

김효연 : 애호박을 잘라서 속을 파냄
         김효연 먼저 애호박을 썰어서 속을 조금만 남기고 파내요.

CG 수퍼 : 먹자의 칠판.
FSS. 애호박! 내가 찜했어~ ①
애호박을 썰어서 속을 파내요.
         김효연 애호박은 말랑말랑한 편이어서 썰기도 쉽고, 속을 파내기도 어렵지 않아요.

꼬마요리사들 애호박을 잘라서 속을 파냄.
         꼬마요리사들 (리액션/애호박이 말랑말랑해, 씨 보인다, 잘 썰어진다, 잘 파진다)
         오종철 꼬마 요리사들, 날카로운 칼을 사용할 때는 조심 또 조심하세요.
               (애호박 써는 크기 및 요리상황 중계 / 애호박은 얼마만하게 써나요?)
         김효연 (한입에 쏙 들어갈 만한 크기로 썰면 돼요)
         오종철 (그럼, 입이 큰 친구는 크게 썰어도 되겠네요, 허허~)

         맛나밴드, 라이브 요리송 연주

4. CF

CF에서의 푸드스타일링은 제작 의뢰, 기획 회의, 콘티, 프레젠테이션, 프로덕션, PPmPreproduction meeting, 촬영 준비, 촬영, 편집과 합성, 시사, 심의 접수, 방송 순으로 진행된다.

CF는 Commercial Film의 약칭으로 텔레비전에 방송되는 광고를 말한다. TV-CF는 영상, 문자, 음성, 상표, 효과음 등으로 구성되며 짧은 시간 동안 상품에 관한 메시지를 전달하여 상품의 홍보와 판매율을 높이는 데 그 목적이 있다. 짧은 순간 노출되는 영상을 통하여 소비자에게 상품의 이미지를 만들어 주어야 하며 이를 통하여 바로 구매와 연결되어야 하기 때문에 그에 따른 철저한 사전 준비가 필요하다.

1) CF 제작과정

(1) 제작 의뢰

CF는 광고주와 광고 대행사가 기획한 다음 완성된 기획을 프로덕션에 의뢰하여 제작하는 형태와 광고주가 기획

한 내용을 바로 프로덕션에 제시하여 제작하는 두 가지의 형태로 이루어진다.

(2) 기획회의

제품에 대한 각 경쟁사의 CF와 외국 관련 CF의 비교·분석을 통하여 아이디어 협의를 한다. 이때 도출된 아이디어를 바탕으로 몇 가지의 시안을 작성하여 콘티 라이터가 콘티를 그린다.

(3) 콘티(스토리보드)

콘티는 스토리보드Story Board라고 부르기도 하는데, TV-CF나 애니메이션의 장면을 설명하기 위하여 간단한 그림으로 표현한 것을 말한다. Visual, Audio, Story, Title 등으로 구성된다.

(4) 프레젠테이션

광고주에게 기획된 내용에 관해 설명하는 모든 방법을 말한다. 단순히 기획에만 국한되는 것이 아니라 특정 내용에 관한 크리에이티브, 기획, 마케팅과 광고활동에 관한 모든 부분을 포함하는 과정이다. 이 과정을 통해 광고주와 합의함으로써 시안의 결정을 유도한다.

(5) 프로덕션

제품의 이미지에 맞는 모델을 선정하고 모델이 결정되면 감독의 주도하에 스태프들을 구성한다. 주요 스태프들은 촬영, 조명, 스타일리스트, 메이크업, 동시녹음, 편집, 안무 등으로 구성된다. 이를 중심으로 촬영에 필요한 장소섭외, 스케줄 체크, 연출 시 디자인 구성안 결정 등 촬영에 실질적인 준비와 결정을 하게 된다.

(6) PPM(Pre-production Meeting)

감독이 촬영에 참여하는 여러 스태프들에게 촬영에 관련된 제작 의도를 설명하는 것이다. 촬영에 들어가기 전 광고주 마케팅 담당자, 대행사 마케터, AE, CD, 카피라이더, CP, 프로덕션 감독, 스타일리스트, 코디네이터 등이 모여 광고 촬영의 전반적인 내용을 이해하고 합의하는 과정을 거친다.

(7) 촬영 준비

촬영, 조명, 동시녹음, 편집, 스타일링 등 주요 스태프들과 감독이 짠 촬영 콘티에 맞게 촬영 및 조명 기자재, 촬영 테크닉 등 CF 제작에 관한 전반적인 세부사항들을 검토하고 준비하는 단계이다.

(8) 촬영

야외에서 하는 촬영은 로케이션Location이라 하고 실내에서 하는 촬영은 로케세트Locaset라 부른다. 또한 스튜디오에서 촬영하는 경우 세트Set 촬영이라 부른다.

(9) 편집과 합성, 시사

모든 테이프를 VTR 편집실로 가져가서 필요한 컷을 고르는 작업이다. 일단 화면의 편집이 정확한 초수대로 끝나면 편집본 시사회를 갖는다. 이 시사회 과정에서 재촬영이 결정되기도 한다.

(10) 심의 접수

시사회를 무사히 넘긴 작품은 방송광고 심의 신청서 양식에 소리부문을 제출하여 방송위원회에 심의를 받는다.

(11) 방송

방송심의필증과 함께 각 매체에 방송용 테이프를 전달하는 것으로 제작은 완료되고 TV에 방송된다.

✳ **CF 제작과 촬영과정**

① 제작 의뢰 ➡ ② 기획회의 ➡ ③ 콘티(스토리보드) ➡ ④ 프레젠테이션

➡ ⑤ 프로덕션 ➡ ⑥ PPM(Pre-production Meeting) ➡ ⑦ 촬영 준비(Shooting) ➡

⑧ 촬영 ➡ ⑨ 편집과 합성, 시사 ➡ ⑩ 심의 접수 ➡ ⑩ 심의 접수

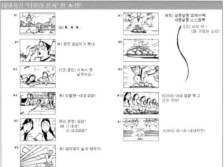

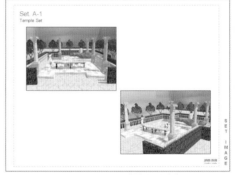

Angels

WADROBE

Sizzle reference
Table setting

Table Setting

SIZZLE

Sizzle reference
Sizzle

SIZZLE

네네치킨 "티아라천사"편 TV-CM Production Schedule

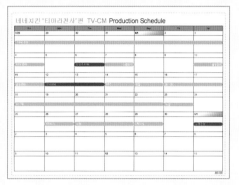

5. 홈쇼핑

홈쇼핑은 구매자가 집에서 텔레비전, 상품 안내서, 인터넷 등을 보고 상품을 골라 전화나 인터넷을 통하여 사는 통신 판매 방식으로 전문 채널을 통해 텔레비전 방송이나 인터넷 홈페이지에 쇼핑몰에서 판매하는 형태로 존재한다. 보통 생방송으로 송출되며 생방송에 녹화된 영상을 함께 내보는데, 미리 촬영해 놓은 제품의 영상을 인서트라 한다. 보통 제품의 연출과 이를 활용한 요리 제안으로 구성하여 식품의 디테일과 시즐Sizzle감을 살려 촬영한다. 푸드스타일리스트는 식품 및 주방 관련 용품, 식기 등을 중심으로 활동하며, 생방송의 라이브 요리준비부터 시연, 완성 및 판매제품의 요리기획과 제안부터 제품의 연출 테이블 등에 폭넓게 활동하고 있다.

1) 인서트 촬영

(1) 기획

홈쇼핑에서 가장 중요한 부분은 제품의 소개와 판매라고 할 수 있다. 제품의 특성에 맞는 테마와 주제를 가지고 이를 활용한 요리 제안과 연출을 통해 소비자의 구매 욕구를 끌어낼 수 있게 구성되어야 하며 그에 따른 요구가 무엇인지를 정확히 파악해야 한다.

(2) 섭외

영상의 성격과 콘셉트가 결정되고 그 방향이 명확해지면 주제를 가장 잘 표현하고 연출할 수 있는 푸드스타일리스트를 섭외한다. 보통 인서트의 식품촬영은 제안된 요리의 과정과 완성 요리와 제품의 연출로만 진행되므로 전체 촬영을 이끌 수 있는 준비와 역량이 갖춰진 푸드스타일리스트가 반드시 필요하다.

(3) 시안 상의

영상의 기획과 섭외가 완료되면 정해진 내용의 진행을 위해서 피디와 카메라 감독을 중심으로 비교적 단순한 구성으로 촬영팀이 꾸려지는 경우가 많다. 피디는 촬영할 내용의 시안을 푸드스타일리스트에게 전달하며 그 과정에서 푸드스타일리스트와 식품과 제품에 관한 의견을 조율하고 이후 결정된 요리와 세팅에 진행 상황에 관히어 협의한다.

(4) 준비 및 촬영

시안 상의가 끝나게 되면 2~3일에서 1주일 정도의 시간을 가지고 촬영 준비가 이루어진다. 소품 준비와 시장보기가 여기에 해당된다. 이 과정을 통해서 내용의 수정이나 재협의를 하기도 하며 수정된 사항이 있을 때는 준비도 그에 알맞게 수정하게 된다.

(5) 편집

촬영이 진행된 후 기획, 섭외, 시안 상의, 준비 및 촬영의 결과물을 내용으로 하여 편집을 하게 되며 편집이 끝난 영상을 방송으로 송출한다.

✳ **인서트 촬영 과정**

① 기획 ➡ ② 섭외 ➡ ③ 시안 상의 ➡ ④ 준비 및 촬영 ➡ ⑤ 편집 ➡ ⑥ 방송

교촌 직화 스테이크 3종

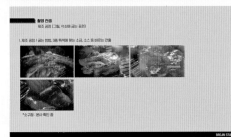

THANK YOU

6. 그 외 지면광고

외식업체들은 판매 촉진 활동의 일환으로 다양한 매체와 도구들을 이용하는데 그중 POP Point of Purchase Advertising광고가 메뉴 선택에 상당한 영향을 미치며 활발히 이용되고 있다. POP 광고물에는 메뉴북, 포스터, 팸플릿, 카탈로그 등과 같은 인쇄물과 음식모형 등이 있다. 제품을 연출할 때에는 인위적이고 과도한 스타일링보다는 제품의 정보와 비주얼을 적절히 조절하여 표현하는 것이 중요하다. 이 중 푸드 스타일리스트는 패키지, 메뉴판, 포스터, 카탈로그 등을 스타일링한다.

1) 패키지 스타일링

패키지 스타일링Package Styling은 식품 포장지에 들어가는 요리사진을 연출하는 것을 말하며, 요리 촬영 시 맛있게 보이는 연출 이외에 내용물과 요리의 시각적인 효과를 고려한 제품의 앵글과 포커스 등을 조절하여 작업하는 것이 중요하다.

2) 메뉴판 스타일링

메뉴판은 '차림표' 혹은 '식단'이라고 하며 외식업소의 전반적인 운영 사항을 알리는 정보제공 역할, 외식업소의 목표, 경영철학 등을 나타낼 수 있는 상징물이기도 하다. 따라서 각 업소별 특징에 맞는 디자인 선택을 통해 독창성을 높이고 업소의 이미지를 표현할 수 있도록 스타일링해야 한다.

3) 포스터 스타일링

매장의 윈도나 벽면을 활용하여 제품을 알리는 데 이용하고 종이에 인쇄하여 시각적 전달의 목적으로 쓰인다. 때문에 대중의 주의를 집중시킬 수 있게 강한 시각적 인상을 줘야 하며 감각적이고 인상적인 스타일링으로 연출하여야 한다.

4) 카탈로그 스타일링

상품이나 기업을 소개하기 위해 만든 인쇄물로 목록, 안내서 또는 요람이라고도 한다. 보통 메일이나 신문에 끼워 넣는 광고와 함께 널리 이용되어 왔으며, 박람회, 전시회, 이벤트 등에서 기업의 판매 전략을 위한 도구로 인식되고 있다. 식품업체, 레스토랑, 슈퍼마켓, 백화점 등은 이 카탈로그를 통해 제품을 홍보하고 이미지를 보이고 있다.

7. 온라인 매체활동

1) 이커머스(E-Commerce)

이커머스E-Commerce는 거래를 의미하는 Commerce에 전자를 의미하는 Electronic를 합한 전자상거래를 뜻한다. 인터넷을 통해 이루어지는 모든 거래를 말하며 의류 및 기타 실제 제품을 판매하는 소매 쇼핑몰 및 사이버 보안부터 호텔 예약에 이르기까지 모든 종류의 서비스를 포함한다. 이커머스는 지난 2020~2023년간 코로나19 상황 중에 가파른 성장세를 보였으며 그중에서도 신선식품과 간편식, 건강식품 등 푸드 제품군이 가장 두드러지게 발전하고 있다. 온라인쇼핑의 대표적인 기업으로는 네이버, 마켓컬리, 쿠팡로켓, SSG 등이 있으며 그 외 많은 업체와 기업들이 온라인 시장으로의 확장과 진출을 활발히 하고 있다.

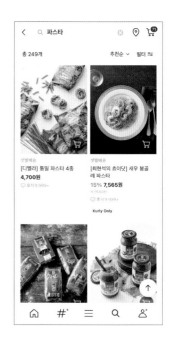

2) SNS(Social Networking Service)

특정한 관심이나 활동을 공유하는 사람들 사이의 관계망을 구축해 주는 온라인 서비스인 SNS는 페이스북Facebook과 트위터Twitter 인스타그램Instargram 등의 폭발적 성장에 따라 사회적·학문적인 관심의 대상으로 부상했다. 신상 정보의 공개, 관계망의 구축과 공개, 의견이나 정보의 게시, 모바일 지원 등의 기능이 있는 SNS는 서비스마다 독특한 특징을 가지고 있으며, SNS를 통한 홍보와 판매는 막강한 마케팅 효과가 있다.

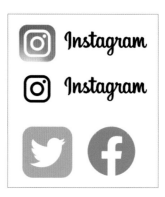

3) YOUTUBE

당신You과 브라운관Tube, 텔레비전이라는 단어의 합성어이다. 구글이 운영하는 동영상 공유 서비스로 전 세계 네티즌들이 올리는 동영상 콘텐츠를 공유하는 웹사이트로 사용자가 동영상을 업로드하고 시청하며 공유할 수 있도록 한다. 유튜브 크리에이터YouTube Creator 또는 유튜버YouTuber는 인플루언서로 인터넷 동영상 공유 사이트인 유튜브에 UCC를 업로드하며 자신의 채널을 운영하는 사용자들을 지칭하는 말이다. 특히, 유튜버 활동을 통하여 수익을 창출하는 전문적인 직업 유튜버들을 지칭하여 유튜브 크리에이터라고 한다.

FOOD STYLING

PART 9

테이블
코디네이트

1. 테이블 코디네이트의 개념

테이블 코디네이트는 맛있는 것을 더 맛있게 먹기 위한 식공간食空簡의 연출을 의미한다. 좀 더 상세하게 살펴보면 식사하는 사람들의 오감(시각, 미각, 후각, 촉각, 청각)을 자극하여 만족도를 높여 주는 작업이라고 할 수 있다. 이러한 작업을 위해서는 요리, 테이블 탑의 요소, 실내 인테리어, 창밖의 경치, 음향, 빛, 조명, 바람의 흐름, 기온, 습도 등의 모든 환경적 요인을 생각해서, 공간 전체의 구도와 조화를 이루게 해야 한다. 이와 같이 식공간 안에 존재하는 여러 가지 것들을 적절히 조합하는 것이기 때문에 테이블 위에 존재하는 여러 가지 색을 사용한 컬러 코디네이트를 통

하여 세팅해야 하므로 테이블 코디네이트는 테이블 위의 예술이라고 볼 수 있다. 또한 여러 가지 테이블 구성요소들의 이용과 컬러의 조합을 통해 요리를 맛있어 보이게 하고 손님들의 감성을 자극하는 것이라 볼 수 있다.

테이블은 먹는 행위를 통해 에너지를 충족한다는 1차원적인 개념을 벗어나 먹는 사람의 마음을 치유하고, 휴식을 제공하는 장소가 되기도 한다. 개인 소득의 증대로 풍요를 누리고 개인의 개성이 중시되는 현대 생활에서의 테이블은 영양공급, 생리적인 욕구 충족의 목적을 달성하기 위한 공간에서 자신만의 개성 연출, 휴식, 가족이나 단체의 친목, 사교, 정치, 외교 등의 커뮤니케이션, 사회적인 욕구 충족을 위한 개념으로 변화하고 있다. 따라서 테이블 코디네이트는 식공간과 요리를 통해 스트레스를 발산하고 기분을 전환시키며 사람과의 유대관계를 돈독히 해주는 기능을 염두에 두어야 하며 먹는 사람에 대한 배려를 잊지 말아야 한다. 또한 요리와

공간을 통해 상대방에게 즐거움을 베푸는 마음을 전할 수 있는 기능도 생각해야 한다.

이러한 테이블 코디네이트는 넓게는 외식산업의 호텔, 레스토랑에서부터 좁게는 가정의 테이블(아침, 점심, 저녁의 식사)을 비롯한 손님의 접대나 파티 테이블까지의 모든 것을 통합한 것이라고 할 수 있다. 외식산업의 범위에서 보면 훨씬 넓은 범주를 지니지만 최근 라이프 스타일의 변화에 따른 핵가족화에 의해 가정에서의 테이블 코디네이트의 중요성도 대두되고 있다.

2. 테이블 코디네이트의 기본요소

테이블 코디네이트는 요리를 먹기 위한 공간 연출이므로 쾌적한 식사를 하기 위한 배려를 기본으로 한다. 따라서 테이블 코디네이트의 기본 요소를 위생, 오감만족, TPO로 나눌 수 있다.

1) 위생

요리를 다루는 일은 인간의 생명과 직결되기 때문에 맛과 아름다움보다 깨끗함과 청결함이 우선시되어야 한다. 따라서 깨끗하고 청결하게 준비된 식기에 요리를 담아 위생적으로 테이블에 차리는 것은 테이블 코디네이트의 가장 기본이 된다.

2) 오감만족 스타일링

단순히 미각만이 아닌 시각, 후각, 촉각, 청각을 만족시키는 스타일링을 통해 요리에 대한 감각을 극대화할 수 있다. 따라서 오감을 만족시키는 스타일링은 테이블 코디네이트의 기본이 된다.

3) TPO

TPO란 시간Time, 공간Place, 대상Object을 의미한다. TPO를 고려한 테이블 세팅을 통해 테이블의 주제와 콘셉트를 명확하게 표현하고 정리할 수 있다. 따라서 TPO는 테이블 코디네이트의 기본이 된다.

> ※ **5W2H**
>
> Who(주최자와 초대받은 손님)
> What(식사의 주제)
> When(식사시간)
> Where(식사장소)
> Why(식사의 목적)
> How(식사의 스타일)
> How much(예산)

> ※ **TPO**
>
>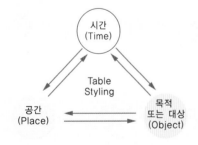
>
> TPO와 5W2H에 의거하여 테이블 코디네이트에 적용할 수 있다.
>
> **TPO**
>
> **시간(Tme)**
> 테이블 세팅이 이용되는 시간대를 의미한다. 아침, 점심, 저녁과 같이 시간의 흐름에 따라 테이블에 적용되는 아이템의 사용이 달라지기도 하고, 계절의 의미도 포함되므로 테이블 코디네이션을 할 때에는 이를 고려한 작업이 이루어져야 한다.
>
> **장소(Place)**
> 테이블이 세팅되는 공간을 의미한다. 크게 실외와 실내로 구분지을 수 있다.
>
> **대상 및 목적(Object)**
> 누구를 위한 테이블 세팅이며 세팅이 필요한 이유를 의미한다. 대상의 연령, 성별, 직업, 성향에 따라 각기 다른 세팅이 될 수 있으며, 세팅을 하는 이유에 따라 연출방법, 분위기, 색상과 같은 연출요소, 연출방법, 요리, 상차림에 영향을 미친다.

3. 테이블 세팅과 순서

테이블 세팅을 할 때 테이블 공간은 개인이 사용하는 범위인 퍼스널 스페이스Personal Space와 다른 사람과 함께 사용하는 퍼블릭 스페이스Public Space로 나누어 세팅한다.

퍼스널 스페이스는 한 사람의 어깨 폭인 가로 45cm와 식사를 할 때 무리 없이 손을 뻗을 수 있는 세로 35cm로 한정된다. 이 공간이 개인 영역이 되고 이 안에 필요한 테이블 요소를 배치한다. 옆사람과의 간격은 15cm 정도 확보하여 쾌적하고 적절한 공간으로 세팅한다.

퍼스널 스페이스를 제외한 공간을 퍼블릭 스페이스라 하고 다른 사람과 공유하는 테이블 요소나 센터피스, 캔들 등을 배치하여 세팅한다. 이 공유공간은 생활관습이나 요리의 종류, 식사의 목적, 서비스의 정도, 참여자 등에 따라 달라질 수 있다.

> ☀ **테이블 세팅 순서**
>
> ① 테이블 위에 테이블 클로스(Tablecloth)를 깐다.(사방 5cm 정도 내려오는 언더 클로스를 깔고 그 위에 톱클로스를 깐다.)
> ② 메뉴와 격식에 따라 접시를 세팅한다.
> ③ 커틀러리를 세팅한다.
> ④ 메뉴에 따라 글라스(Glass)를 세팅한다.
> ⑤ 냅킨을 세팅한다.
> ⑥ 센터피스와 장식품을 세팅한다.

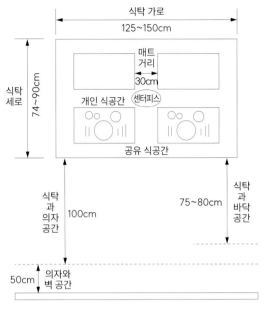

퍼블릭 스페이스

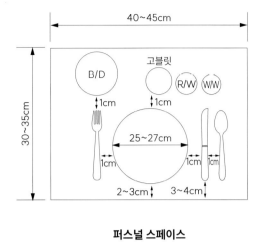

퍼스널 스페이스

테이블 **아이템**

1. 디너웨어

디너웨어는 개인용 식기인 플레이트 웨어Plate Ware와 컵Cup, 공용식기인 서브용 식기Serve Ware를 포함한 테이블 위에 올라가는 도자기류의 총칭이다.

1) 재질에 따른 분류

도자기는 원료에 따라 도기, 석기, 자기 등으로 구분할 수 있으며 소성온도에 따라 연질 자기와 경질 자기로 나눌 수 있다.

석기는 섭씨 1,200~1,300도에서 굽고, 도기보다 내구성이 뛰어나고 실용적이다.

도기는 섭씨 1,100~1,200도에서 굽고, 저온에 서 구웠기 때문에 단단하지 않고 물을 흡수하는 흡수성이 있다.

자기는 섭씨 1,200~1,400도에서 굽고, 고온에 서 구워 단단하고 그림을 그릴 수 있으며 특유의 광택이 있고 도자기 중 장력이 가장 크다.

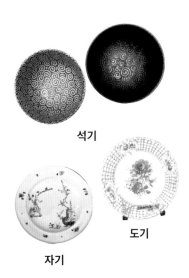

석기

도기

자기

2) 용도에 따른 분류

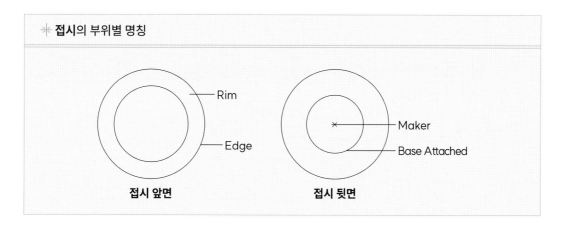

✳ 접시의 부위별 명칭

Rim

Edge

접시 앞면

Maker

Base Attached

접시 뒷면

(1) 플레이트(Plate)의 종류

① 위치접시 또는 서비스 접시(Service Plate)

30cm 전후의 사이즈이다. 손님의 자리를 표시하기 위해 맨 처음 테이블 위에 세팅되는 접시를 말한다. 서비스 플레이트, 언더 플레이트, 프레젠테이션 접시 등으로 부르기도 한다.

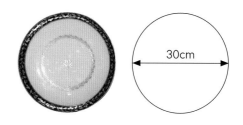

30cm

② 디너접시(Dinner Plate)

26cm 전후의 사이즈이며 국제 사이즈는 27cm이다. 메인 요리를 담을 때 사용된다. 세팅할 때 1인 자리의 중심에 자리를 잡는다. 일반 요리용으로 사용하기도 하며 사용빈도가 가장 높다.

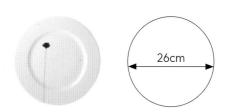

26cm

③ 런천접시(Luncheon Plate)

23cm 전후의 사이즈이다. 런치 등 가벼운 식사용으로 사용된다. 격식 있는 세팅이나 약식의 세팅에 모두 사용된다. 오드블, 샐러드, 디저트에도 사용한다.

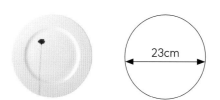

23cm

④ 디저트접시(Dessert Plate)

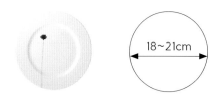

18~21cm 전후의 사이즈이다. 샐러드 접시라고도 하며 오드블, 디저트, 샐러드, 치즈를 담는 데 사용된다. 뷔페에서 개인용 접시로 제공되기도 한다. 격식 있는 세팅이나 약식의 세팅에 모두 사용한다.

⑤ 케이크접시(Cake Plate)

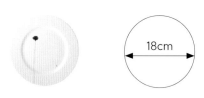

18cm 전후의 사이즈이다. 케이크, 빵, 적은 양의 샐러드, 치즈를 담는 용도로 사용된다. 식전주의 안주를 담을 때도 사용한다.

⑥ 빵접시(Bread Plate)

15~18cm 전후의 사이즈이다. 빵을 놓을 때 사용하는 접시로 케이크, 과일을 담을 때도 사용한다. 테이블의 사이즈가 작은 경우 요리를 더는 접시로 사용하기도 한다.

⑦ 크레센트 접시(Crescent Plate)

1.5~15cm의 폭에 18~20cm 길이이다. 기다란 초승달 형태로 생겼으며 샐러드, 야채를 담아서 디너 접시 위, 혹은 옆방향에 세팅한다. 빵이나 잼을 담아 놓는 용도로도 사용한다. 약식의 식사에 주로 사용한다.

(2) 볼(Bowl)

깊이가 있는 그릇을 입체형 식기 Hall Ware라고 한다. 깊이가 있다고 하여 Deep Plater라고도 하며 수프와 국물을 담을 수 있다고 하여 Bowl Ware로 분류하기도 한다. 테이블에서 사용하는 볼은 손잡이가 있는 것과 없는 것의 두 가지 종류가 있다.

① 수프 접시(Soup Bowl)

22~25cm 지름에 2.5~5cm 깊이의 사이즈이다. 일반적으로 수프용 접시로 사용되지만 시리얼 등에도 사용한다. 가장자리의 림Rim 부분이 있는 것과 없는 것이 있으며 격식이 있는 자리에는 림 부분이 있는 것을 사용한다.

② 부이용 컵 & 소서(Bouillon Cup & Saucer)

지름 9.5cm 전후의 사이즈이다. 맑은 수프를 담는 데 사용한다. 수프의 온도와 농도의 유지를 위해 볼이 좁고 긴 모양이다.

③ 시리얼볼(Cereal Bowl)

지름 14cm이며 깊이는 4cm 전후이다. 오트밀, 콘플레이크, 수프처럼 스푼으로 먹는 요리를 담을 때 사용하거나 샐러드, 파스타 등을 포크로 먹을 때 사용한다. 약식의 식사에서만 사용한다.

④ 핑거볼(Finger Bowl)

지름 10cm이며 깊이는 5~6cm 전후이다. 식사 후 과일 먹은 손을 닦기 위해 사용한다. 일반적으로 격식 있는 식사에서만 사용된다.

⑤ 램킨(Ramekin)

지름 7~11cm이며 깊이는 4~5cm 전후이다. 옆에서 봤을 때 수직의 형태이며, 작고 납작한 볼의 형태이다. 치즈, 우유, 크림으로 구운 요리를 담는 용기이다.

(3) 컵(Cup)

캐주얼한 아침식사, 점심식사, 뷔페 스타일로 세팅할 경우 컵Cup과 소서Saucer가 디너 플레이트와 함께 세팅된다. 이 경우 오른쪽 글라스 웨어 위치에 놓는 경우가 많다. 정식의 식탁에서는 식사 후 디저트 때 세팅한다. 컵의 크기는 음료의 농도, 음료를 서비스하는 시간에 따라 결정된다. 컵의 크기와 상관없이 일반적인 컵과 머그는 3/4, 데미타스컵은 1/2만 채운다.

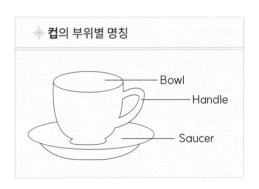

❋ 컵의 부위별 명칭

Bowl
Handle
Saucer

① 티컵 & 소서(Tea Cup & Saucer)

지름 8~9.5cm이며 높이는 4.5~5.6cm 전후이다. 홍차를 마시기 위한 컵으로 홍차의 색과 향을 즐기기 위해 마시는 입구가 넓고 깊이는 얕은 형태이다. 색을 잘 즐길 수 있도록 안쪽이 하얀 것을 고르는 것이 좋다.

② 커피컵 & 소서(Coffee Cup & Saucer)

지름 6.3cm이며 높이는 8.3cm 전후이다. 커피를 마시기 위한 컵으로 커피의 온도, 향, 맛의 유지를 위하며 입구가 좁고 높이가 있는 실린더 형태가 많다.

③ 데미타스컵 & 소서(Demitasse Cup & Saucer)

높이와 지름이 약 5.7cm 전후이다. 격식 있는 식사 후 에스프레소와 같은 진한 커피를 마실 때 사용되는 작은 크기의 컵이다. 프랑스에서 처음 만들어졌으며 반 컵Half Cup이라는 의미가 있다.

④ 겸용 컵 & 소서(Multiple Cup & Saucer)

지름 7cm이며 높이 6cm 전후이다. 커피, 홍차, 우유, 코코아 등 따뜻한 음료를 담을 수 있는 다용도 컵이다.

⑤ 머그컵(Mug Cup)

지름 8cm이며 높이 9cm 전후이다. 크기가 크고 소서Saucer가 없는 것이 특징이다. 원통형으로 생겼으며 아침·점심식사를 할 때 커피를 마시는 용도로 사용된다. 아메리칸 커피, 우유, 수프 등 다용도로 사용된다.

(4) 서브용 식기(Serve Ware)

서브용 식기Serve Ware는 식사 접대 시 공동으로 요리를 담는 식기를 의미한다. 아우구스트 2세 때부터 디너세트로 유입되어 맞춤세트가 만들어졌다. 현재는 식사와 디저트를 위해 식탁에 오르는 식기들을 제외한 식기류를 의미하며 공동으로 사용하는 식기를 지칭하는 특색이 있다. 공용세팅으로 주로 4~8인용이며, 테이블 세팅에서는 주로 공동영역이나 별도의 테이블에 세팅되어 서빙한다.

① 커버드 베지터블(Covered Vegetable)

지름 20cm 전후이다. 익힌 야채를 담아 식탁에 내는 용도로 사용되며 뚜껑이 있다. 끓여서 만들거나 더운 요리를 담을 때 다양하게 사용할 수 있다.

② 플래터(Platter)

지름 23~61cm 전후이다. 보통 손잡이가 없으며, 깊이가 얇은 대형 접시이다. 원형, 타원형, 사각형의 형태이며, 격식 있는 연회에서 코스를 내는 데 사용한다. 약식의 세팅에서는 과일, 야채, 샌드위치와 같은 차가운 요리를 담을 때 사용하기도 한다.

③ 샌드위치 플레이트(Sandwich Plate)

가로 23cm, 세로 15cm 전후이다. 네모난 형태로 양쪽에 손잡이가 있다. 약식 세팅인 런치, 티타임 때 자른 샌드위치를 담는 접시로 사용된다. 오드블을 담을 때도 사용하기 좋다.

④ 소스보트(Sauceboat)

가로 22cm, 높이 10cm 전후이다. 샐러드드레싱, 소스, 그레이비, 카레 등을 따로 제공할 때 사용하는 보트형태의 그릇이다. 격식 있는 세팅에 서는 서버가 제공하나, 약식 세팅에서는 테이블 위에 올려놓고 사용된다.

⑤ 튜린(Tureen)

3L 내외의 용량이다. 뚜껑이 있으며 양옆에 손잡이가 있는 움푹한 볼이다. 큰 것은 수프, 스튜, 펀치 등을 담고, 작은 것은 소스, 고기국물, 야채를 담는 데 사용한다.

⑥ 티포트(Tea Pot)

지름 16cm, 높이 13cm 전후이다. 티를 우려 서비스하기 위해 사용되는 포트로, 둥근 티포트는 티의 점핑을 좋게 하여 좋은 향과 맛의 티를 우려낸다. 티포트는 일반적으로 1인용을 담을 수 있는 크기이다.

⑦ 커피포트(Coffee Pot)

지름 13cm, 높이 23cm 전후이다. 크기가 크고, 좁고, 긴 실린더 모양의 터키의 주전자에서 형태가 유래되었다. 이러한 형태는 커피의 찌꺼기가 바닥에 가라앉을 공간과 커피가 위까지 떠오를 공간을 주기 위함이며, 커피를 따를 때 커피 찌꺼기를 막기 위해 커피포트의 주둥이는 몸체의 위쪽에 위치한다.

⑧ 데미타스 포트(Demitasse Pot)

지름 10cm, 높이 18cm 전후이다. 실린더 모양의 커피포트로 일반 커피포트보다 작다. 데미타스 커피를 서비스하기 위해 사용한다.

⑨ 트레이(Tray)

38~99cm의 다양한 사이즈이다. 격식 있는 식사에서는 모든 코스에 사용한다. 약식 식사에서는 빵, 쿠키, 샌드위치와 같은 마른 요리를 담아서 제공하기도 하며, 냅킨으로 감싸둔 커틀러리를 담거나 식탁을 정리할 때 사용한다.

2. 커틀러리

커틀러리Cutlery는 스푼, 포크, 나이프 등 식탁 위에서 요리를 먹기 위해 사용되는 도물류, 금물류 등을 일컫는 말이다. 플랫웨어Flatware, 실버웨어Silverware라고 부르기도 하는데 커틀러리를 구성하는 것으로 스푼, 나이프, 포크가 있으며 은으로 된 제품을 최고급으로 여기기 때문에 실버웨어라고 한다.

1) 용도에 따른 분류

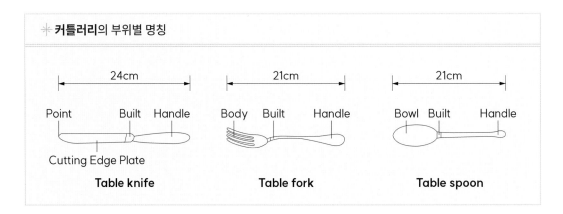

✳ **커틀러리의 부위별 명칭**

| Table knife | Table fork | Table spoon |

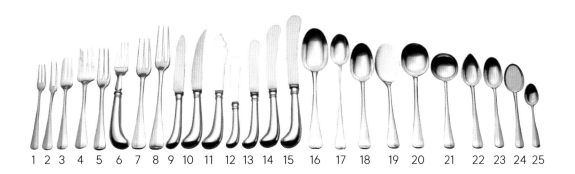

1. seafood fork	6. fish fork	11. fish knife	16. table spoon	21. bouillon spoon
2. snail fork	7. luncheon fork	12. butter knife	17. iced tea spoon	22. fruit spoon
3. dessert fork	8. dinner fork	13. cheese knife	18. dessert spoon	23. tea spoon
4. fish fork	9. fruit knife	14. luncheon knife	19. sauce spoon	24. ice cream spoon
5. salad fork	10. steak knife	15. dinner knife	20. cream soup spoon	25. demitasse spoon

(1) 스푼(Spoon)

① 디너 스푼(Dinner Spoon)

볼이 오목한 타원형으로 생겼으며 수프를 쉽게 떠먹을 수 있는 형태이다. 테이블 스푼Table Spoon이라고 부르기도 하며 개인용 스푼 중에 가장 크다.

② 부이용 스푼(Bouillon Spoon)

수프용 스푼의 작은 형태로 생겼으며 맑은 수프를 먹을 때 사용한다. 콩소메 스푼Consomme Spoon이라고도 한다.

③ 수프 스푼(Portage Spoon)

수프용 스푼의 큰 형태로 생겼다. 수프 접시에 담아 먹는 포타주Potage 수프에 사용한다.

④ 디저트 스푼(Dessert Spoon)

좁은 날과 둥글고 뾰족한 끝의 형태를 지니고 있다. 격식 있는 식사와 약식 식사에 모두 사용한다.

⑤ 티스푼(Tea Spoon)

홍차용 스푼으로 소형의 스푼 중에서는 가장 크다. 티컵의 사이즈에 맞게 사용하며, 소량의 수프, 오드블, 디저트에도 사용한다.

⑥ 데미타스 스푼(Demitasse Spoon)

에스프레소에 설탕을 넣고 저을 때 사용한다. 9~10cm 전후의 크기이다.

⑦ 아이스크림 스푼(Ice Cream Spoon)

아이스크림, 무스, 바바루아, 크림 같은 페이스트 형태의 요리를 먹을 때 사용한다. 아이스크림 전용은 작은 삽 모양이다.

⑧ 과일 스푼(Fruit Spoon)

오렌지, 그레이프 등의 과육을 쉽게 떠낼 수 있도록 뾰족한 형태로 되어 있다. 연한 과일을 자를 수 있으며 자르거나 퍼낸 과일을 담을 수 있도록 볼 부분이 크다.

(2) 나이프(Knife)

① 디너 나이프(Dinner Knife)

고기를 먹을 때를 비롯하여 약식 식사에서는 코스 전반에 사용한다. 가장 긴 나이프로 테이블 나이프Table Knife라고도 한다.

② 스테이크 나이프(Steak Knife)

고기를 먹을 때 사용한다. 고기를 자를 수 있도록 뾰족하고 날카로운 날이 있다. 격식 있는 세팅에는 디너 나이프로 쉽게 자를 수 있는 고기가 제공되므로 약식 세팅에서만 사용한다.

③ 피시 나이프(Fish Knife)

생선요리를 먹을 때 사용한다. 생선의 살이 부서지지 않도록 나이프의 폭이 넓고 앞부분은 생선 뼈를 빼내기 쉬운 형태로 되어 있다. 비대칭의 모양이며 격식 있는 세팅과 약식 세팅에 모두 사용한다.

④ 디저트 나이프(Dessert Knife)

디저트를 먹을 때 사용한다. 좁은 날과 칼 끝이 둥글고 뾰족하다. 오드블, 샐러드, 애프터눈 티에도 사용하며 버터 스프레드 대용으로도 사용한다.

⑤ 프루트 나이프(Fruits Knife)

과일을 먹을 때 사용한다. 날이 좁고 칼 끝이 둥글고 뾰족하다. 약
간 휜 좁은 날의 형태로 끝부분이 톱니 모양이다.

⑥ 버터 나이프(Butter Knife)

버터를 바를 때 사용한다. 날의 끝은 둥글며 끝부분으로 갈수
록 약간 넓어진다. 개인용 나이프로 앞이 둥근 것이 특징이다.
12~14Cm 정도의 크기이다.

(3) 포크(Fork)

① 디너 포크(Dinner Fork)

고기를 먹을 때 사용한다. 디너 나이프와 함께 식사 전반에 걸쳐
서 사용한다. 미트 포크Meat Fork, 테이블 포크Table Fork라고도 한다.
17Cm 전후의 길이이나 유럽식이 미국식보다 1.2Cm가량 더 짧다. 격식 있는 식사와 약식 식사
에 모두 사용한다.

② 피시 포크(Fish Fork)

생선을 먹을 때 사용한다. 앞부분이 생선을 고르는 지레 장치의
역할을 하기 위해 왼쪽의 갈래가 넓은 모양으로 되어 있다. 생선에
곁들임으로 나오는 레몬에 의해 부식될 염려가 있어 은기로 사용하는 것이 좋다.

③ 디저트 포크(Dessert Fork)

디저트를 먹을 때 사용한다. 샐러드 포크와 비슷한 모양이나 약
간 좁게 생겼다. 오드블, 샐러드, 애프터눈 티에도 사용한다.

④ 달팽이 포크(Snail Fork)

달팽이, 소라를 껍데기에서 꺼내기 쉽게 두 개의 길고 뾰족한 날
이 있다. 격식 있는 식사에서는 달팽이의 껍데기가 제거되어 나오기
때문에 사용하지 않기도 하지만 약식에서는 달팽이 껍데기가 그대로 나오므로 그때 사용한다.

(4) 서브용 공동 도구(Servers Item)

① 카빙 나이프, 포크(Carving Knife & Fork)

약 30~36Cm 길이로 프라임 립Prime Rib, 호박, 수박, 야채 등을 잘라 나누는 용도로 사용한다. 앞이 바깥쪽을 향해 휜 포크로 누른 후 앞이 뾰족한 나이프로 자른다.

② 서빙 포크, 스푼(Serving Fork & Spoon)

요리를 나누거나 샐러드를 버무려 개인용 접시에 옮길 때 사용한다. 목재를 사용하기도 한다.

③ 케이크 집게(Cake Tong)

작은 케이크, 페이스트리, 샌드위치 등을 집을 때 사용한다.

④ 케이크 서버(Cake Server)

자른 케이크, 페이스트리, 파이, 샌드위치를 서비스할 때 사용한다. 자른 케이크를 쉽게 뜰 수 있도록 평평한 모양으로 되어 있다.

3. 글라스

글라스는 음료에 따라 형태와 크기가 다르다. 글라스의 이름이 술의 이름으로 된 것도 많고, 음료를 더 맛있게 맛보기 위해 고안되었다. 스템(글라스의 다리 부분)이 있는 스템웨어와 스템이 없는 텀블러로 나눠진다. 보통 스템웨어는 물, 와인, 샴페인, 코냑 등을 마실 때 사용하며 텀블러는 칵테일, 음료수 잔으로 사용한다. 테이블에 놓는 식사 중에 제공되는 음료용 글라스와 식전, 식후에 제공되는 음료용 글라스로 나누기도 한다.

1) 용도에 따른 분류

✳ 글라스의 부위별 명칭

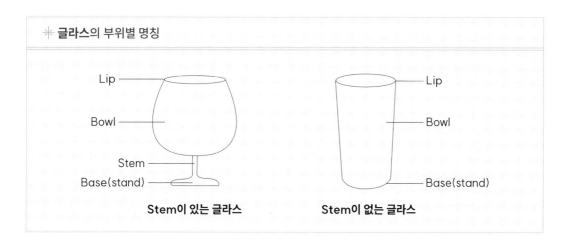

Stem이 있는 글라스   Stem이 없는 글라스

---

(1) 스템웨어(Stem Ware)

스템웨어는 볼Bowl, 스템Stem, 베이스Base로 이루어진 컵이다. 물, 아이스티, 와인 등 차가운 음료를 서브하기 위해 스템을 손으로 잡음으로써 볼에 담긴 내용물이 체온으로 데워지지 않고 음료를 차갑게 제공할 수 있도록 해준다.

① 고블릿(Goblet)

300ml의 용량의 물을 담는 잔으로 워터 고블릿이라고도 한다. 맥주, 주스, 냉차류, 우유 등에도 사용할 수 있다.

② 레드와인 글라스(Red Wine Glass)

180Ml 이상의 용량으로 레드와인을 마실 때 사용하며, 와인을 공기에 닿게 하여 아로마가 퍼질 수 있도록 볼이 큰 것이 많다.

③ 화이트와인 글라스(White Wine Glass)

150Ml 이상의 용량으로 화이트와인을 마실 때 사용한다. 차가운 상태로 마시는 경우가 많기 때문에, 한 번에 적은 양이 들어가도록 볼이 작은 것이 좋다.

④ 샴페인 글라스(Champagne Glass)

135ml의 용량으로 발포성 와인을 마실 때 사용한다. 볼의 모양이 위로 갈수록 벌어진 형태이기 때문에 거품이나 향기를 즐기기에는

좋지 않다. 파티에서 쌓아 올리거나 운반하기에 좋은 디자인이다.

⑤ 샴페인 글라스(Champagne Glass)

150㎖의 용량으로 축하행사의 건배용, 셔벗, 아이스크림을 담을 때 사용한다. 볼의 입구가 좁아져 기포가 빠져나가지 못하게 막아 준다. 올라가는 기포를 눈으로 즐길 수 있고, 거품을 오래 유지할 수 있도록 가늘고 긴 모양으로 되어 있다.

⑥ 브랜디 글라스(Brandy Glass)

300㎖의 용량으로 브랜디를 마실 때 사용한다. 손으로 돌려 따뜻하게 하여 향을 즐길 수 있도록 스템이 짧고, 향이 날아가지 않게 하기 위해 입구가 좁다.

⑦ 칵테일 글라스(Cocktail Glass)

120㎖의 용량으로 마티니와 같은 쇼트 드링크의 칵테일 전용 글라스로 사용한다. 위스키 글라스Whisky Glass라 부르기도 한다. 짧은 시간에 마시기 위해 한 번에 적은 양이 들어가도록 되어 있다.

⑧ 셰리 글라스(Sherry Wine Glass)

90㎖의 용량으로 식전주의 셰리, 포트 와인을 마실 때 사용한다. 쇼트 칵테일이나 일본주에 사용하기도 한다.

(2) 텀블러 글라스웨어(Tumbler Glass Ware)

텀플러는 스템이 없는 원통형 글라스의 총칭이다.

① 올드 패션 글라스(Old Fashion Glass)

240㎖의 용량으로 올드 패션드 칵테일, 온 더락 스타일의 칵테일, 위스키를 마실 때 사용한다. 오래된 텀블러라는 의미로 올드 패션이라는 이름을 사용한다.

② 텀블러 글라스(Tumbler Glass)

200㎖의 용량으로 주스, 물, 맥주, 온 더 락을 마실 때 사용한다. 폭넓게 사용할 수 있는 글라스이다.

③ 샷 글라스(Shot Glass)

30ml의 용량으로 위스키, 스피릿Spirit 등을 스트레이트로 마실 때 사용한다. 작은 크기의 글라스이다.

④ 필스너(Pilsner)

180ml 이상의 용량으로 맥주를 마실 때 사용한다. 아이스티나 주스에도 사용한다. 가장 많이 사용되는 글라스이며 길고 좁은 형태를 띠고 있다. 맥주의 거품을 가장 잘 보여 준다.

⑤ 리큐어 글라스(Liqueur Glass)

50ml의 용량으로 리큐어용으로 사용한다. 알코올 도수가 높은 술을 스트레이트로 마시기 위한 글라스이다. 코디알Cordial 글라스라고도 한다.

(3) 서브용 공동도구(Servers)

물, 주스, 와인 등을 따르는 데 사용한다.

① 피처(Pitcher)

물, 주스, 조식용의 우유 등을 넣어서 서비스할 때 사용한다. 손잡이가 있고 깊이가 있으며 긴 모양으로 생겼다.

② 디캔터(Decanter Glass)

720ml의 용량으로 와인을 공기에 닿게 하기 위해 병에서 옮기기 위한 용기이다. 위스키나 리큐어용도 있다.

③ 아이스 버킷(Ice Bucket)

얼음을 넣는 그릇으로 사용한다.

4. 리넨

리넨Linen은 영어로 '마麻'라는 의미가 있지만, 천으로 된 제품을 총칭할 때 사용한다. 식탁에서 사용하는 천 종류를 지칭할 때 테이블 리넨이라고 부른다. 테이블 클로스, 매트, 냅킨, 러너,

도일리 등이 있다.

1) 용도에 따른 분류

(1) 테이블 클로스(Table Cloths)

테이블 전체를 씌우는 천으로 색, 재질에 따라 연출효과가 가장 크게 나타나는 아이템이다. 격식을 갖춘 자리에서는 테이블 밑으로 떨어지는 밑단의 길이는 50cm 정도가 적당하고, 가정에서는 20cm 전후가 좋다. 제일 위에 까는 탑클로스Top Cloths는 테이블 클로스 위에 겹쳐 까는 천으로 작은 천을 이용해 변화를 줄 수는 있으나 격식을 갖춘 자리에서는 사용하지 않는다. 아래에 까는 언더클로스 Under Cloths는 테이블의 보호를 위한 것인데, 플란넬 소재의 천을 사용하여 미끄러짐을 방지하고 식기의 소리를 흡수하는 효과가 있다. 격식을 갖추어 테이블 세팅을 할 경우마 소재의 흰색을 선택하는 것이 적당하며, 진한색의 화학섬유로 이루어진 테이블 클로스는 피하는 것이 좋다. 클로

스를 구입 또는 제작할 때에는 테이블의 사이즈를 염두에 두어야 한다.

격식에 따른 테이블 클로스의 길이별 연출

(2) 테이블 매트(Table Mat)

테이블 클로스 대신 까는 일인용 리넨으로 일반적으로 캐주얼한 세팅을 할 때 사용한다. 영국에서는 마호가니와 같은 나무의 느낌을 주고 싶을 때나 격식 있는 자리에서도 사용된

다. 정식으로는 테이블 클로스와 함께 사용하지 않지만, 테이블 클로스 위에 겹쳐서 사용할 수도 있다.

(3) 냅킨(Napkin)

냅Nap에 라틴어로 작다는 뜻의 '킨Kin'이 붙어서 오늘의 냅킨Napkin이 생겨났다. 손이나 입 주위의 더러움을 닦기 위한 정방형의 리넨으로 피부에 직접 닿기 때문에 천연소재를 사용하는 것이 좋다. 식사할 때에는 무릎 위에 두고 사용하며, 테이블 클로스와 같은 천으로 간단히 접어서 디너접시 위나 왼쪽에 둔다.

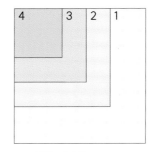

1. 포멀한 디너용 55cm×55cm
2. 런치 가정용 캐주얼용 40cm×40cm
3. 티 냅킨 30cm×30cm
4. 칵테일 냅킨 20cm×20cm

✳ 냅킨 접기

냅킨 접기는 테이블 코디네이트 시에 컬러의 양을 조절하는 중요한 아이템이기 때문에 테이블 세팅의 마지막 단계에서 실시한다. 냅킨은 접는 형태가 복잡할수록 손이 많이 가면 비위생적이라는 느낌을 줄 수 있기 때문에 되도록 간단하게 접는 것이 좋다.

냅킨 접기 1

❶　　❷　　❸　　❹　　❺

냅킨 접기 2

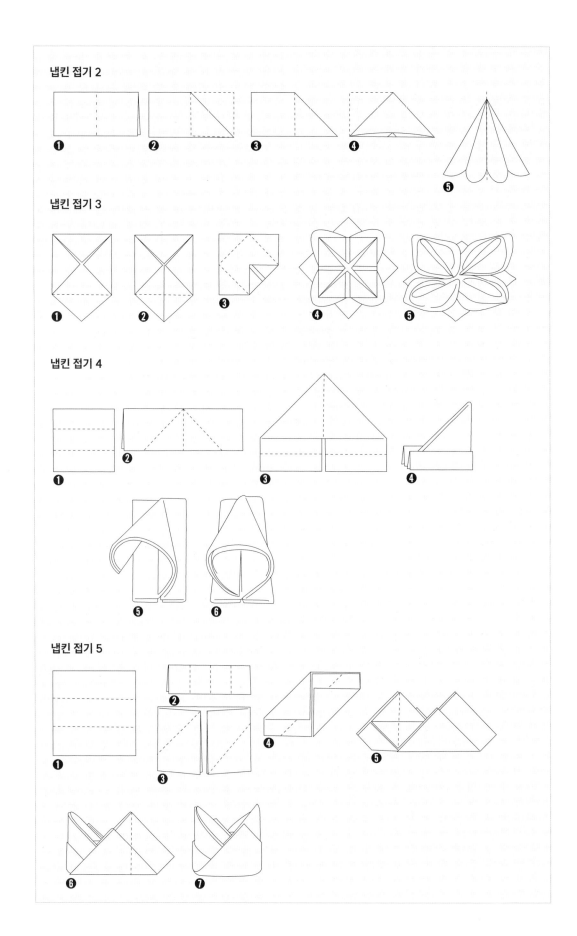

냅킨 접기 3

냅킨 접기 4

냅킨 접기 5

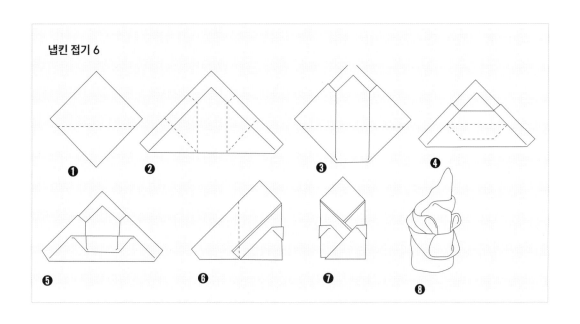

냅킨 접기 6

❶ ❷ ❸ ❹

❺ ❻ ❼ ❽

(4) 러너(Runner)

테이블의 공유공간에 폭 30cm 정도로 하여 가로로 길게 놓는 싱글 러너의 형태로 공용과 개인용의 스페이스를 나누는 역할을 하는 경우도 있다. 최근에는 세로로 2장을 나란히 세팅하는 더블 러너를 이용하여 현대적인 느낌을 주기도 한다. 테이블 클로스와 같이 사용할 수도 있고, 러너만으로도 세팅하며 다양하게 연출할 수 있다.

(5) 도일리(Doily)

일반적인 도일리의 크기는 10cm×10cm의 정사각형이나 원이지만 그 외에도 다양한 크기와 모양이 있다. 제과점, 레스토랑, 호텔, 가정에서 접시의 소음이나 흠집을 막고 요리의 표현력을 높이기 위해 사용한다. 테이블을 제외한 다른 공간에서의 사용도 많아지

고 있으며 레이스로 된 것이 많다. 복잡한 무늬부터 사각형, 원형 또는 크고 작은 하트형 등 다양한 디자인이 있으며, 로맨틱한 분위기의 테이블이나 티 파티를 세팅할 때 자주 이용한다.

5. 피겨 & 액세서리

1) 피겨(Figure) & 액세서리(Accessories)

피겨는 '놓는 물건', 액세서리는 '부대용품' 또는 '장신구'를 의미하며, 장식성과 실용성을 동시에 지닌 식탁 위의 소형 장식물을 의미한다. 식사할 때 필요한 도구인 냅킨링, 수저의 받침대 같은 간접 소품류와 도자기, 은제품들의 장식품 등 종류가 다양하다.

(1) 네프(Nef)

14세기 궁에서 사용한 선박 모양의 소금을 넣는 용기로 테이블에 처음 등장하였다. 이후 소금, 향신료를 넣거나 자물쇠를 채워 왕후 귀족들이 사용할 커틀러리를 넣어 두거나 냅킨을 넣는 함으로 사용하였다. 17세기 이후 권력의 상징으로 테이블에 자리하였으나 18세기 이후 자취를 감추었다.

(2) 네임카드(Name Card)

손님이 앉아야 할 자리를 정해 두어야 할 때 사용하며, 포멀 테이블에서는 반드시 필요하다. 다양한 디자인을 응용하여 시각적인 재미를 부여할 수 있다.

(3) 냅킨링(Napkin Ring, 냅킨 홀더)

냅킨을 구분하는 목적으로 사용되었으며 예전엔 주로 은으로 만들어 사용했다. 냅킨 사용 후에는 다시 냅킨링에 끼워 놓는다. 최근에는 다양한 소재와 디자인으로 테이블을 연출하는 하나의 아이템으로 사용한다.

(4) 솔트, 페퍼 셀러 & 솔트, 페퍼밀(Salt, Paper Cellar & Salt, Paper Mill)

소금과 후추를 보관하는 통으로 솔트, 페퍼는 격식 있는 테이블에서는 솔트 셀러를 사용하며 약식 테이블에서는 솔트 셰이크를 사용한다. 일반적으로 소금의 사용량이 많으므로 후추보다 손이 닿기 쉬운 곳에 둔다.

(5) 레스트(Rest)

커틀러리를 세팅할 때 사용하는 도구이다. 격식 있는 테이블에서는 사용하지 않으며 캐주얼한 테이블에 주로 이용된다. 런천세팅에 많이 사용한다.

(6) 캔들, 캔들 스탠드(Candle & Candle Stand)

초를 켜는 것은 식사의 시작을 알리는 것이다. 식사하는 시간 동안 켜져 있어야 하기 때문에 2시간 이상 사용할 수 있어야 한다. 초는 테이블 위의 잡냄새를 잡아 주며 소음을 줄이는 역할을 한다.

(7) 클로스 웨이트(Cloth Weight)

테이블 클로스 사방에 올려놓거나 매다는 무게가 있
는 장식품이다. 야외에서 테이블 클로스의 날림을 방지
하기 위해 사용한다.

6. 센터피스

센터피스Centerpiece는 테이블 중앙의 퍼블릭Public Space에 장식하는 물건 또는 꽃을 총칭한
다. 대부분 테이블 중앙에 위치하기 때문에 테이블의 높이를 입체적으로 표현한다. 계절감, 스
타일을 표현하기 쉽기 때문에 특정한 이미지를 만들기에 좋다. 현재 가장 많이 사용되는 재료
는 꽃이며 산업혁명 이후 부르주아 계급이 왕족과 귀족의 취미를 본뜨면서부터 꽃의 사용이
일반화되었다.

1) 테이블 플라워의 기본 스타일(Table Flower Basic Style)

(1) 돔형(Dome Style)

돔형은 반원의 구형球形으로 구성하는 어레인지먼트로
둥근 원을 반으로 나눈 형이다. 모든 방향에서 볼 수 있도
록 디자인되어 있고 중앙에서부터 방사상으로 돔형을 이
룬다.

(2) 구형(Ball Style)

구형球形은 공처럼 둥근 형으로 시각상의 초점Focal Point을 가장 아름다운 꽃으로 하여 둥근 형이 되도록 잎과 함께 마무리한다.

(3) 원뿔형(Corn Style)

원뿔형은 잎줄기를 원뿔형의 나무를 닮도록 용기에 배열하고, 꽃과 과일을 이용하여 연출한다. 둥근 형이지만 피라미드형과 같이 입체적인 이등변삼각형이라 할 수 있다.

(4) 수직형(Vertical Style)

수직형은 높이감을 주는 형태를 말한다. 화기Base 길이의 1.5배에서 2배 정도의 높이를 주며 그보다 더 강한 느낌을 줄 때에는 높이를 더 높게 설정하기도 한다.

(5) 수평형(Horizontal Style)

수평형은 옆으로 퍼지는 형태로 똑바른 줄기를 직선으로 꽂는 스타일이며, 개성적인 테이블 위를 장식하는 데 최적의 형태이다. 리빙룸, 식탁 테이블, 사이드 테이블, 장식장 등 안정적인 분위기가 필요할 때 적합한 스타일이다.

(6) 그 외 스타일

리스Reath, 파베Pave, 갈란드Garland 스타일 등의 높이가 낮은 다양한 형태로 꽃을 디자인하여 테이블 장식에 많이 이용되기도 한다.

✳ **테이블 센터피스 제작 시 고려사항**

① 테이블 코디네이트의 목적을 확인하여 콘셉트를 정한다.
② 테이블의 설치공간과 시간대를 고려한다.
③ 테이블의 모양, 형태, 크기를 고려한다.
④ 식사 형태를 고려한다.
⑤ 행사장의 인테리어를 확인하여 통일감 있게 구성해야 한다.
⑥ 테이블에 올라갈 플라워 디자인의 형태를 결정한다.
⑦ 플라워의 전체적인 색상을 결정하고, 계절에 맞는 소재와 메인 플라워, 서브 플라워를 선택한다.
⑧ 테이블 웨어, 리넨, 피겨 & 액세서리의 색상, 플라워 디자인의 색상, 재질과 잘 조화되는지 고려한다.
⑨ 주제, 장소, 플라워 디자인에 어울리는 피겨를 선택한다.
⑩ 테이블 높이에 맞춰 플라워 디자인과 화기(Base)를 선택한다.
⑪ 식사와 시선에 방해되지 않는 높이와 크기를 고려한다.

테이블
코디네이터의
스타일 분류

1 스타일의 분류에 따른 테이블 코디네이션

PART 11 | 테이블 코디네이터의 **스타일 분류**

1. 스타일의 분류에 따른 테이블 코디네이션

테이블 세팅을 할 때 가장 먼저 고려되어야 할 사항은 목적성이라고 할 수 있다. 따라서 테이블의 스타일을 결정하는 것은 이러한 목적성을 고려하여 테이블의 느낌과 연출의 방향을 잡아나가는 것이다. 테이블 세팅을 진행할 때의 스타일은 클래식, 엘레강스, 로맨틱, 내추럴, 모던, 젠, 캐주얼, 에스닉으로 나눌 수 있다.

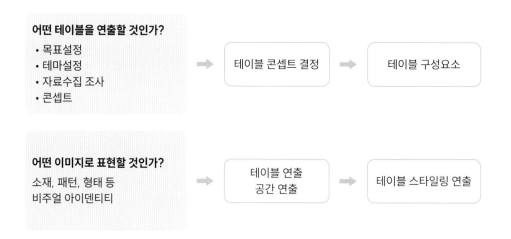

어떤 테이블을 연출할 것인가?
• 목표설정
• 테마설정
• 자료수집 조사
• 콘셉트
➡ 테이블 콘셉트 결정 ➡ 테이블 구성요소

어떤 이미지로 표현할 것인가?
소재, 패턴, 형태 등
비주얼 아이덴티티
➡ 테이블 연출 공간 연출 ➡ 테이블 스타일링 연출

1) 클래식 (Classic)

클래식은 오래된 전통에 뒷받침된 격조를 전달하는 중후한 이미지가 있다. 손을 가한 장식이 많아질수록 보다 고급스럽고 기품 있게 연출할 수 있다. 격식 있는 상차림, 남성을 위한 테이블에 어울린다.

(1) 이미지 표현 단어

전통적인, 호화로운, 품위 있는, 중후한, 격조 있는, 차분한, 성숙한, 견실한, 원만한, 깊이 있는, 고전적인, 묵직한

(2) 컬러·배색

브라운톤의 짙은 색, 와인색, 검붉은색을 기본으로 하여 골드를 배색하면 고급스럽고 기품 있는 스타일이 연출되고, 브라운톤의 짙은 색, 와인색, 검붉은색을 기본으로 하여 블랙, 다크 그레이를 배색하면 격조 있는 스타일이 된다. 너무 강한 색의 대비는 사용하지 않는 것이 좋으며, 골드, 실버를 적절히 사용하면 품위 있는 스타일을 더욱 효과적으로 표현할 수 있다.

(3) 문양·소재

문양 - 전통적인 꽃문양, 꽃이 있는 고전적인 문양

소재 - 금·벨벳 등의 광택이 있는 마감재, 중후하고 품격 있는 피혁, 다마스크 짜임의 리넨, 유럽의 전통가구, 가죽 소파, 금채金彩가 더해진 식기·글라스

＊장식적인 모티브를 통한 디테일을 강화하면 클래식한 느낌을 표현할 수 있다.

2) 엘레강스(Elegance)

엘레강스는 섬세하고 자연스러운 품위가 있으며 우아한 멋이 느껴지는 아름다움을 의미한다. 조용하고 세련된 싱인 여성의 품위와 평온함을 연출할 수 있다. 프렌치 디너, 애프터눈 티 파티, 여성이 중심인 테이블에 어울린다.

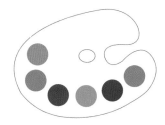

(1) 이미지 표현 단어

품위 있는, 우아한, 섬세한, 세련된, 조용한, 평온한, 고상한, 차분한, 기품 있는, 여성스러운, 섬세한, 정숙한

(2) 컬러·배색

평온한 톤의 그레이시한 색을 기본으로 하며 약간의 색조가 있는 색의 조합을 통해 세련된 스타일을 표현한다. 달콤함이 느껴지는 핑크, 퍼플을 비롯한 파스텔 계열의 색 조합을 많이 사용하여 여성적인 느낌을 강조한다. 한색 계열의 색을 사용하면 중성적으로 느껴진다.

(3) 문양·소재

문양 - 윤곽이 연한 문양, 곡선의 추상적인 무늬, 작은 꽃문양

소재 - 섬세한 직물, 차분하고 광택이 있는 소재, 실크, 스웨이드 등의 고급 소재, 대리석, 고급 도자기, 얇고 섬세한 식기·글라스, 새틴 리본, 장식이 있는 은제 커틀러리

＊ 적당한 중량감, 매끄러운 곡선을 통해 엘레강스한 느낌을 표현할 수 있다.

3) 로맨틱(Romantic)

로맨틱은 귀여운, 사랑스러운, 달콤함 등의 사랑스럽고 여성적인 느낌의 이미지를 가지고 있다. 가냘프고 사랑스러운 소녀의 이미지를 연출할 수 있다. 10대 소녀의 생일파티, 웨딩 샤워 파티, 베이비 샤워 파티의 테이블에 어울린다.

(1) 이미지 표현 단어

감미로운, 새콤달콤한, 나긋나긋한, 촉감이 좋은, 귀여운, 부드러운, 소프트한, 달콤한, 동화적인

(2) 컬러·배색

파스텔계의 연한 색상을 기본으로 한다. 핑크를 중심으로 달콤함이 느껴지는 원색에 흰색을 더한 배색을 통하여 소녀답고 부드러운 스타일을 표현한다. 페퍼민트, 베이비 블루와 같은 연한 색과 배색하면 산뜻한 느낌을 줄 수 있다.

(3) 문양·소재

문양 - 흐린 꽃문양, 작은 물방울, 동화적인 느낌의 일러스트

소재 - 투명감이 있는 파브리그스, 시폰, 섬세한 레이스, 파스텔 색상의 베이비용품, 밝은 색
　　　의 바스켓, 등나무

※ 프릴, 드레이프를 사용하여 우아한 곡선을 연출하고 부드러우며 콤팩트한 형태를 통해
　로맨틱한 느낌을 표현할 수 있다.

4) 내추럴 (Natural)

내추럴은 자연의, 자연으로부터란 의미로 평온하고 자연스러
운 분위기를 연출할 수 있다. 자연이 가지는 따뜻함·소박함을 표
현하여 마음이 누그러지는 편안한 이미지를 표현할 수 있다. 야
외 런치, 가든파티, 모닝파티의 테이블에 어울린다.

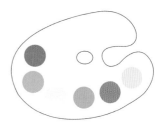

(1) 이미지 표현 단어

자연스러운, 평온한, 평화로운, 친숙해지기 쉬운, 느긋한, 소박한, 순수함, 자연의, 자유로운,
가정적인, 태평한, 친숙해지기 쉬운

(2) 컬러·배색

베이지, 아이보리 계열의 황록계를 기본으로 한다. 자연의 식물, 손을 더하기 전의 소재를 연상하는 색에 해당되며 청색이나 탁색에도 기울지 않게 배색하는 것이 좋다. 미묘한 톤의 차이로 재미를 줄 수 있다.

(3) 문양·소재

문양 - 무지, 풀·나무 모티브의 문양, 촘촘하지 않은 체크

소재 - 마, 면 등 천연소재, 손뜨개 천, 소박한 도자기, 질감을 살린 나무, 대나무, 등나무, 밝은 색의 목제 바스켓, 두꺼운 유리, 하얀 도자기 식기, 손에 친숙해지기 쉬운 소박한 형태

※ 인공적인 가공이 없는 자연의 동그란 디자인을 통해 내추럴한 느낌을 표현할 수 있다.

5) 모던(Modern)

모던은 도시적이고 차가운 느낌을 연출할 수 있다. 화이트, 블랙, 그레이와 같은 모노톤을 통해 세련된 분위기를 연출한다. 칵테일파티와 같은 테이블에 어울린다.

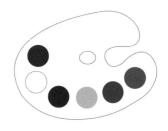

(1) 이미지 표현 단어

현대적인, 샤프한, 합리적인, 이지적인, 대담한, 인공적인, 진보적인, 전통에 얽매이지 않는, 도시적인, 새로운, 쿨한, 세련된

(2) 컬러·배색

화이트, 블랙, 그레이와 같은 무채색 계열을 기본으로 한다. 블루계통의 하드한 색이나 차가운 느낌의 색을 배색하는 것이 좋다. 톤의 차이를 이용해 콘트라스트가 강한 배색을 하면 도시적인 느낌이 강조된다. 난색(따뜻한 색) 계열과 배색을 하면 드라마틱한 느낌을 연출할 수 있다.

(3) 문양·소재

문양 - 무지, 직선적인 스트라이프, 기하학 문양, 대담한 문양

소재 - 딱딱하고 차가운 촉감의 스틸, 글라스, 인공적인 금
　　　 속, 유리, 자연석, 인공석

＊ 샤프하고 직선적인 라인을 살린 심플한 디자인을 통해
　 모던한 느낌을 표현할 수 있다.

6) 젠(Zen)

젠은 불교 용어인 '선禪'의 일본식 발음이다. 조용히 생각하는
것을 뜻하는 젠은 1990년대 유럽에서 시작되었으며, 서양에서 본
동양사상이다. 명상, 절제, 정갈함, 고요함, 자연스러움으로 표현
된다. 동양적인, 일본 테이블에 어울린다.

(1) 이미지 표현 단어

순수한, 정숙한, 고풍스러운, 수수하면서도 깊은, 격조 있는, 품위 있는, 전통이 있는, 화려한,
일본적인

(2) 컬러·배색

블랙, 다크 그레이의 무채색 계열을 기본으로 하여 그린 계열 색과 배색하는 것이 좋다. 자연을 연상할 수 있는 색, 무채색을 사용하지만 자연에 가까운 따뜻한 느낌의 색으로 배색하는 것이 좋다.

(3) 문양·소재

문양 - 일본적인 무늬

소재 - 홀치기 염색한 테이블 클로스·냅킨, 바닥이 오글오글한
       비단, 목공이나 죽세공의 매트, 옻으로 만들어진 포크,
       스푼, 플레이트, 볼, 네모난 것의 모를 잘라낸 유리

＊ 서양의 테이블에 일본 감각의 물건 매치를 통해 젠의 느낌
   을 표현할 수 있다.

7) 캐주얼(Casual)

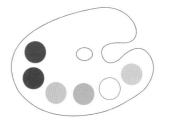

캐주얼은 격식이나 양식에 구애받지 않고, 여러 가지 소재를 믹스 앤 매치하여 자유로운 발상으로 연출한다. 브런치, 어린이 파티 테이블에 어울린다.

(1) 이미지 표현 단어

명랑한, 즐거운, 활기찬, 역동적인, 화려한, 귀여운, 산뜻한, 팝Pop스러운, 유쾌한, 번화한, 쾌적한, 건강한, 간편한, 컬러풀한

(2) 컬러·배색

레드, 옐로, 그린과 같은 원색적인 색을 기본으로 배색한다. 2~4가지 색이 동시 배색으로 이루어지면 활기차고 스포티한 이미지를 준다. 블랙보다는 화이트와의 배색을 통해 산뜻한 이미지를 줄 수 있다.

(3) 문양·소재

문양 - 큰 문양의 체크, 스트라이프, 물방울, 손으로 그린 분위기의 단순한 문양, 역동적인 움

직임이 있는 문양, 사람·동물을 모티
브로 한 문양

소재 - 컬러풀한 플라스틱, 고무, 두께감이
있는 종이, 자유로운 라인의 소품, 단
순하고 둥그스름한 식기·글라스, 자연
재 + 인공재와 같이 다른 소재의 조합

＊ 인공적으로 만들어 내지 않으며 재질이
다른 소재들의 매치를 통해 구속되지 않
은 자유로운 이미지의 캐주얼한 느낌을
표현할 수 있다.

8) 에스닉(Ethnic)

에스닉은 원래 '민족'이라는 의미를 지니고
있지만, 일반적으로는 남아메리카, 동남아시아, 아프리카의 풍취
가 느껴지는 것을 연출할 때 사용한다. 여름의 파티, 아웃도어의
테이블에 어울린다.

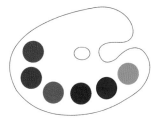

(1) 이미지 표현 단어

활동적인, 에스닉한, 와일드한, 컨트리풍의, 튼튼한, 다
이내믹한, 러프한, 핸드메이드, 야생적인, 토착적인, 힘찬,
와일드한, 이국풍의

(2) 컬러·배색

베이지, 브라운 계열을 기본으로 배색한다. 이와 같은
탁색 계열의 배색은 전원적인 느낌을 준다. 색의 배합을 통
해 보다 활기찬 에스닉의 느낌을 연출할 수 있다.

(3) 문양·소재

문양 - 러프한 나뭇결, 바위결 무늬, 민족풍 무늬, 수공예적인 문양, 동물·식물 등의 자연을 모티브로 한 문양

소재 - 짙은 색의 나무, 나무껍질, 자연석, 두꺼운 목면, 도기, 철, 주물, 법랑, 두께감이 있는 소재, 진한 색의 목재, 아프리카나 동남아시아 등의 수공예용품, 핸드메이드 느낌의 도자기 그릇

✳ 온기가 느껴지는 두께감이 있는 둥그스름한 형태로 에스닉한 느낌을 표현할 수 있다.

PART
12

서양 테이블
세팅

1. 포멀 테이블 세팅

포멀Formal은 격식을 차린, 정중한, 공식적인의 의미가 있다. 따라서 포멀 테이블 세팅은 격식을 갖춘 정중한 스타일의 테이블 세팅이라고 할 수 있다. 포멀 테이블의 가장 대표적인 형식은 영국과 프랑스의 테이블 세팅이다.

레스토랑과 가정에서의 테이블 세팅은 요리, 와인, 서비스 방법, 식사 공간 등에 따라 목적이 다르기 때문에 같은 방법으로 세팅하지 않는다. 격식을 따르는 것은 특정 나라의 관습과 예의를 지키는 것으로 볼 수 있으며 격식에만 치우쳐 시간, 장소, 목적을 간과해서는 안 된다.

1) 영국식 세팅

영국식 포멀 테이블 세팅은 격조와 품위가 있는 전통적인 테이블 세팅이다. 격식을 갖춘 테이블에도 테이블 클로스를 사용하지 않고 매트와 오간자를 이용하여 테이블 표면의 질감을 살리기도 한다.

영국의 만찬을 위한 포멀 테이블 세팅 시 커틀러리는 정면으로 놓고, 일자로 가지런히 배열한 후 중앙을 기준으로 하여 좌우 바깥쪽의 커틀러리를 먼저 사용하도록 메뉴에 맞게 배치한다. 버터 스프레더는 빵 접시 위에 세로로 놓는다. 빵접시는 포크의 왼쪽 옆에 배치한다. 글라스의 배열은 샴페인 글라스를 중앙 접시의 위에 배치한다. 고블릿은 오른쪽 위에 놓고, 레드와인 글라스는 왼쪽 위에 놓는다. 화이트와인 글라스는 고블릿과 레드와인 글라스의 아래에 삼각형으로 놓아서 배열한다.

영국의 포멀한 약식 테이블 세팅 시 커틀러리는 정면으로 놓고, 일자로 가지런히 배열한 후 중앙을 기준으로 하여 좌우 바깥쪽에 테이블 커틀러리와 디저트 커틀러리를 배치한다. 버터 스프레더는 빵 접시 위에 가로로 놓는다. 빵 접시는 포크의 왼쪽 옆에 배치한다. 글라스의 배열은 고블릿을 제일 안쪽에 놓고 와인 글라스는 마시는 순서에 따라 바깥에서부터 샴페인, 화이트와인, 레드와인 순으로 배열한다.

영국식 포멀 테이블 세팅은 커틀러리를 정면으로 놓고 디저트스푼, 디저트포크까지도 옆으로 늘어놓으며 빵 접시가 있는 것이 특징이다.

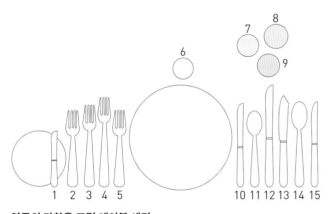

1 버터 스프레더	9 화이트와인 글라스
2 오드블용 포크	10 디저트용 나이프
3 생선용 포크	11 디저트용 숟가락
4 육류용 포크	12 육류용 나이프
5 디저트용 포크	13 생선용 나이프
6 샴페인	14 수프용 스푼
7 레드와인 글라스	15 오드블용 나이프
8 고블릿	

영국의 만찬용 포멀 테이블 세팅

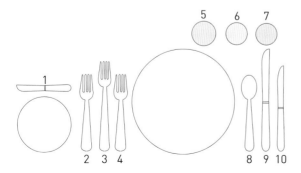

1 버터 스프레더	6 레드와인 글라스
2 오드블용 포크	7 화이트와인 글라스
3 테이블 포크	8 디저트용 스푼
4 디저트용 포크	9 테이블 나이프
5 고블릿	10 오드블용 나이프

영국의 만찬용 포멀 테이블 세팅

2) 프랑스식 세팅

프랑스의 만찬을 위한 포멀 테이블 세팅은 커틀러리는 뒤집어서 놓고, 일자로 가지런히 배열한 후 중앙을 기준으로 하여 좌우 바깥쪽의 커틀러리를 먼저 사용하도록 메뉴에 맞게 배치한다. 디저트용 커틀러리는 플레이트 위에 가로로 배치하는데, 포크의 날은 우측으로 향하게 하고 스푼의 날은 왼쪽으로 향하게 하여 포크 위에 배치한다. 빵 접시를 놓을 경우 포크의 왼쪽 옆에 배치한다. 글라스를 배열할 때에는 고블릿을 제일 안쪽에 배치한다. 와인 글라스는 마시는 순서에 따라 바깥쪽부터 샴페인 글라스, 화이트와인 글라스, 레드와인 글라스의 순서로 배열한다.

프랑스의 포멀한 약식 테이블 세팅은 커틀러리는 뒤집어서 놓고, 일자로 가지런히 배열한 후 중앙을 기준으로 하여 좌우 바깥쪽에 오드블용 커틀러리를 배치한다. 글라스를 배열할 때에는 고블릿은 왼쪽 위에 놓고, 레드와인 글라스는 오른쪽 위에 놓는다. 화이트와인 글라스는 고블릿과 레드와인 글라스의 아래에 삼각형으로 놓아서 배열한다.

프랑스식 포멀 테이블 세팅은 커틀러리를 뒤집어서 가문의 문장이나 이니셜이 보이게 하고, 빵접시를 놓지 않는 것이 특징이다. 코스에 필요한 글라스는 처음부터 세팅해 놓지만 커틀러리의 경우에는 처음부터 커틀러리를 전부 세팅하지 않으며 요리가 나올 때마다 커틀러리를 서비스맨이 세팅하는 것이 정중한 방법이다.

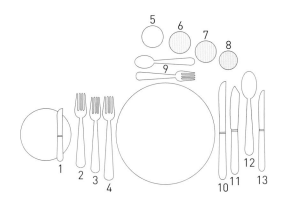

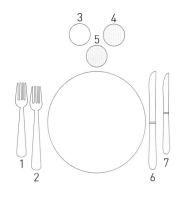

1 버터 스프레더	7 화이트와인 글라스
2 오드블용 포크	8 샴페인
3 생선용 포크	9 디저트용 포크와 숟가락
4 육류용 포크	10 육류용 나이프
5 고블릿	11 생선용 나이프
6 레드와인 글라스	12 수프용 스푼
	13 오드블용 나이프

프랑스의 만찬용 포멀 테이블 세팅

1 오드블용 포크	5 화이트와인 글라스
2 테이블 포크	6 테이블 나이프
3 고블릿	7 오드블용 나이프
4 레드와인 글라스	

프랑스의 포멀한 약식 테이블 세팅

2. 인포멀 테이블 세팅

인포멀Informal은 비공식적인, 형식에 얽매이지 않는, 약식의 의미를 가지고 있다. 따라서 인포멀 테이블 세팅은 격식에 얽매이지 않는 편안한 스타일의 테이블 세팅이라고 할 수 있다. 20세기 후반부터 라이프스타일이 다양해지고 개인의 개성이 뚜렷해짐에 따라 테이블 세팅에 대한 요구도 세분화되고 있다.

1) 시간별 테이블 세팅의 분류

(1) 아침(Breakfast & Brunch)

아침식사는 영국에서 지난밤부터의 Fast(단식)를 Break(중단)한다고 하는 의미에서 온 말이다. 아침식사는 크게 나누어, 영국식인 잉글리시 브렉퍼스트(미국식 아메리칸 브렉퍼스트), 유럽식인 컨티넨탈 브렉퍼스트의 두 가지 스타일이 있으며 메뉴에 맞춰 세팅을 한다.

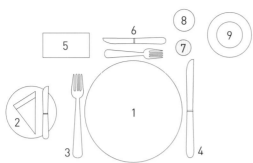

1 개인접시   6 프루트 포크, 나이프
2 빵접시와 버터나이프   7 고블릿
3 메인 포크   8 에그스탠드
4 메인 나이프   9 티잔
5 토스트 스탠드   10 냅킨

Breakfast Setting

① 잉글리시 브렉퍼스트(아메리칸 브렉퍼스트)

홍차 또는 커피, 생과일주스, 과일, 시리얼, 계란요리(프라이, 보일, 스크램블) 또는 훈제(영국식), 곁들인 요리(소시지, 베이컨, 버섯 등), 토스트(얇은 토스트-영국, 두꺼운 토스트-미국)

② 콘티넨탈 브렉퍼스트

카페오레 또는 커피, 생과일주스, 빵(크루아상, 브리오슈, 바게트 등), 잼, 버터

③ Brunch

아침과 점심을 겸해서 먹는 식사를 말한다. 예전에는 부활절 아침, 결혼식에 공식적으로 차려지는 테이블이었으나 현대에는 주말이나 휴일의 여유로운 아침식사의 형태로 바뀌었다. 젊은 사람들에게 인기가 많다.

(2) 점심(Lunch / Luncheon)

12시에서 오후 2시 사이에 먹는 점심식사를 뜻한다. 메뉴의 선택은 자유이며 수프, 생선요리 또는 고기요리, 아니면 빵, 샐러드, 커피 정도의 가벼운 요리로 이루어진다. 런천Luncheon: 오찬은 런치보다 격식을 차린 점심식사를 뜻하지만 겸용되어 사용하기도 한다.

1 개인접시
2 냅킨
3 런치 포크
4 런치 나이프
5 스푼
6 티스푼
7 고블릿
8 디저트 스푼

Lunch / Luncheon Setting

(3) 저녁(Dinner)

디너Dinner의 원 의미는 정찬正餐을 뜻하지만 최근에는 저녁시간에 먹는 식사를 의미하기 때문에 정찬뿐만 아니라 간단한 식사도 디너라고 부른다. 정찬으로 디너를 즐길 때에는 따로 마련된 별실에서 아페리티프(식욕증진용 주류), 오르되브르(식욕증진용 안주)를 먹는다. 이후 자리를 식당으로 옮겨서 수프, 생선, 앙트레(고기요리)와 곁들인 채소, 치즈, 디저트, 로스트비프, 커피, 샐러드를 먹는다. 그러나 보통의 디너에서는 오르되브르, 수프, 생선, 고기와 채소를 곁들인 것, 샐러드, 디저트, 커피로 코스가 이루어진다.

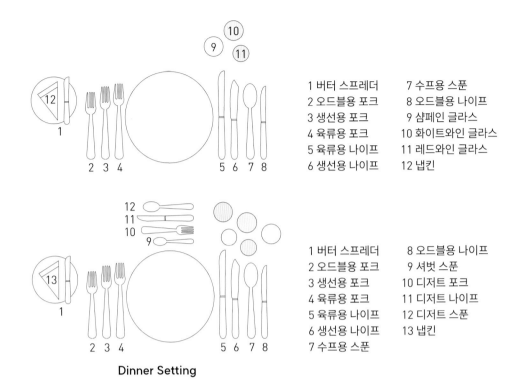

1 버터 스프레더   7 수프용 스푼
2 오드블용 포크   8 오드블용 나이프
3 생선용 포크   9 샴페인 글라스
4 육류용 포크   10 화이트와인 글라스
5 육류용 나이프   11 레드와인 글라스
6 생선용 나이프   12 냅킨

1 버터 스프레더   8 오드블용 나이프
2 오드블용 포크   9 셔벗 스푼
3 생선용 포크   10 디저트 포크
4 육류용 포크   11 디저트 나이프
5 육류용 나이프   12 디저트 스푼
6 생선용 나이프   13 냅킨
7 수프용 스푼

Dinner Setting

PART
13

나라별
테이블 세팅

나라별 테이블 세팅

1. **한국의 상차림**

한국의 테이블은 1인 상차림을 기본으로 하며 주식과 부식이 구분되어 테이블에 세팅된다. 세팅할 때에는 오른쪽에 수저와 탁기가 놓이고 왼쪽에 찬품류가 놓인다. 한 테이블에 모든 요리가 올라오며 비대칭구조로 전개되는 특징을 지닌다. 서양의 테이블 세팅에서와는 달리 테이블 클로스를 깔지 않고 소반의 질감을 그대로 살린다.

1) 전통 테이블 세팅의 기본 구성

(1) 일상 상차림

반상 : 밥, 국, 반찬을 기본으로 차리며 진지, 수라와 같이 밥상을 받는 대상에 따라 명칭이 달라진다. 상에 올라가는 요리의 종류와 반찬의 가짓수에 따라 반상의 명칭과 세팅방법이 달라진다. 뚜껑이 있는 반찬그릇의 가짓수에 따라 상차림을 구분하며, 밥, 탕, 찌개, 장 등을 제외한 뚜껑이 있는 반찬그릇을 첩이라고 부르기 때문에 첩의 가짓수에 따라 3첩, 5첩 반상과 같이 부른다. 서민들은 3첩, 5첩, 사대부들은 7첩, 9첩, 궁중에서는 12첩의 상차림으로 테이블을 차려냈다.

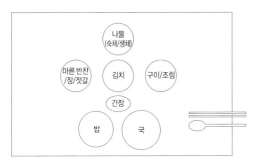

3첩 반상(밥, 국, 김치, 장 외에 세 가지 찬품)

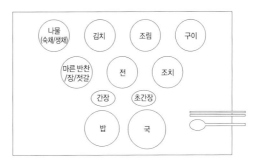

5첩 반상(밥, 국, 김치, 장, 조치 외에 다섯 가지 찬품)

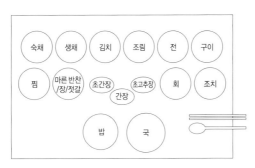

7첩 반상
(밥, 국, 김치, 장, 조치, 찜, 전골 외에 일곱 가지 찬품)

(2) 통과의례 상차림

탄생에서부터 죽음에 이를 때까지 규범에 따라 의례를 치르게 된다. 이러한 의례를 치를 때 각각의 규범과 의식에 따라 특별한 양식을 지니는 상차림을 뜻한다. 한국의 통과의례로는 출생, 삼칠일, 백일, 첫돌, 관례, 혼례, 회갑, 상례, 제례 등이 있다.

① 돌상

돌상을 차리는 방법은 풍습, 지방, 가정에 따라 차이가
있으나 떡과 과일이 중심이 된다. 떡은 백설기와 수수경단
을 반듯이 놓아야 하며 인절미, 송편, 계피떡 중에서 선택
해 세 가지 혹은 다섯 가지의 떡을 놓는다. 백설기는 아기
의 신성함과 정결함을 축원하며 장수를 뜻하고, 수수경단
은 귀신의 출입을 막아 아이가 건강하게 자랄 수 있다는 의
미가 있다. 과일은 계절마다 종류를 다르게 놓는데 다양한 색깔의 과일을 놓는 것이 좋다. 찾아
준 손님에게는 미역국과 흰 쌀밥을 차려 대접하고 이웃과 친척에게 돌떡을 나눠 주는 풍습이
있다.

돌잡이를 하는 상에는 의미가 있는 물건들을 올려 놓고 아이가 잡게 하는 풍습이 있다. 일반
적으로 쌀, 국수, 책, 붓(또는 연필), 벼루, 먹과 종이, 타래실, 돈을 놓으며 남자 아이는 활, 칼, 여
자 아이는 대추, 바느질 기구 등을 추가로 놓기도 한다.

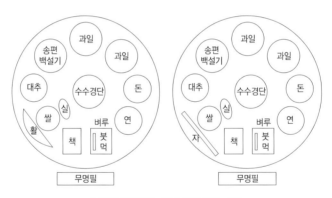

돌상(남자아이-좌 / 여자아이-우)

② 혼례상

전안례와 교배례, 합근례를 합쳐서 초례라고 말한다. 혼
례 치르는 것을 '초례를 치른다'고 하고 혼례 치르는 곳을
'초례청'이라 부른다. 전통혼례를 치르는 초례청은 신부집
마당에 차린다. 초례청 위에 햇볕을 가릴 수 있는 차일遮日:
天幕(천막)을 치고 초례청 북쪽에 병풍을 친다(팔폭병풍-사
주팔자를 뜻함). 초례청 바닥에 멍석을 깔고, 신랑 신부자리

는 멍석 위에 초석을 깐다. 동서로 자리를 마련한 초례청의 중앙에는 초례상을 놓고 동서 양쪽에 합근례를 위한 술상과 손을 씻기 위한 세숫대야를 하나씩 놓는다.

초례상을 대례상이라고도 하는데 지방에 따라 그 차림에 약간씩 차이가 있다. 일반적으로 대례상 위에는 청색, 홍색 양초를 꽂은 촛대 한 쌍, 소나무 가지와 대나무 가지를 꽂은 꽃병 한 쌍, 하얀 쌀 두 그릇, 청색, 홍색 보자기에 싼 닭 한 자웅을 남북으로 나누어 놓는다. 청색은 신부 쪽, 홍색은 신랑 쪽의 색으로 사용된다.

소나무와 대나무는 송죽 같은 굳은 절개를 지킨다는 뜻에서, 밤과 대추는 장수와 다남多男을 의미하기 때문에 반드시 오도록 한다. 경우에 따라 콩과 팥, 술병 등을 올리기도 하고 지방의 특산인 계절 과일을 놓기도 한다.

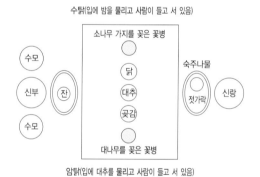

수탉(입에 밤을 물리고 사람이 들고 서 있음)

소나무 가지를 꽂은 꽃병

수모 / 신부 / 잔 / 닭 / 대추 / 곶감 / 젓가락 / 신랑 / 숙주나물 / 수모

대나무를 꽂은 꽃병

암탉(입에 대추를 물리고 사람이 들고 서 있음)

대례상(경기도)

③ 회갑상

회갑연은 인생의 장수를 기념하는 축하연으로서 수연이라고도 한다. 우리나라 나이로 61세의 회갑回甲, 70세의 고희古稀, 77세의 희수喜壽, 88세의 미수米壽 등 장수를 축하하는 잔치가 있지만 그 가운데서도 회갑연은 가장 비중이 높았다. 옛날에는 요즘과 달리 명이 짧아 회갑을 맞는다는 것은 인생의 복이었기 때문에 큰상을 차리고 축수를 했다. 회갑상을 차릴 때는 과일류를 맨 앞에 놓고 떡 종류는 양 옆에 놓는다. 적, 전 등은 뒷줄에 놓는다. 고임에 사용될

접시는 바닥에 쌀을 한 줌 채워 평평하게 한 다음 백지로 싼다. 요리를 괴어 올릴 때마다 안전하게 고정될 수 있도록 접시보다 작은 크기로 둥그렇게 오린 백지를 한 장씩 집어넣고 가장자리를 붙이면서 쌓아 올린다. 모든 요리의 모양은 쌓아 올리기에 편한 상태로 만들거나 가다듬는다.

회갑상

④ 제사상

제사를 모실 때 차리는 상차림이다. 그 형식은 제사의 종류, 가문의 정통, 가세 등에 따라서 달라진다. 제사는 고인의 기일 전날 지내는데 의식이 번거롭고 진설도 생전에 놓는 법과 반대이다. 제기는 보통 나무, 유기, 사기로 되어 있다. 제사 요리를 장만할 때는 정갈함을 유지하고 화려한 색과 심한 냄새(특히 비린내)는 금기로 여겨 왔으며, 같

은 종류의 요리는 짝을 맞추지 않는다고 해서 홀수로 만든다. 진설하는 열은 모두 5열이며 제1열은 술잔과 메(밥), 떡국(설), 송편(추석)을 놓는다. 제2열은 적炙과 전煎을 놓는다. 대개는 3적으로 육적(육류 적), 어적(어패류 적), 소적(두부, 채소류 적)의 순서로 올린다. 제3열은 탕을 놓는다. 대개는 3탕으로 육탕(육류탕), 소탕(두부, 채소류탕), 어탕(어패류탕)의 순으로 올리며, 5탕으로 할 때는 봉탕(닭, 오리탕), 잡탕 등을 더 올린다. 한 가지 탕으로 하는 경우도 있다. 제4열은 포와 나물을 놓는다. 좌측 끝에는 포(북어, 대구, 오징어포)를 쓰며 우측 끝에는 식혜나 수정과를 쓴다. 그 중간에 나물반찬은 콩나물, 숙주나물, 무나물 순으로 올리고 삼색 나물이라 하여 고사리, 도라지, 시금치나물을 쓰기도 하며 김치와 청장(간장), 침채(동치미, 설명절)는 그다음에 올린다. 제5열은 과실을 놓는다.

동쪽부터 대추, 밤, 감(곶감), 배(사과)의 순서로 차리며 그 이외의 과일들은 정해진 순서가 따로 없으나 나무과일, 넝쿨과일 순으로 차린다. 과일 줄의 끝에는 과자(유과)류를 놓는다.

제사상

✳ 제사상 **차리는 법**

• **반서갱동(飯西羹東)**
밥은 서쪽(왼쪽) 국은 동쪽(오른쪽)에 위치한다. 즉 산 사람의 상차림과 반대이다. 수저는 중앙에 놓는다.

• **적전중앙(炙奠中央)**
적은 중앙에 위치한다. 적은 옛날에는 술을 올릴 때마다 즉석에서 구워 올리던 제수의 중심 요리였으나 지금은 다른 제수와 마찬가지로 미리 구워 제상의 한가운데 놓는다.

• **좌포우혜(左脯右醯)**
4열 좌측 끝에는 포(북어, 문어, 전복)를 놓고 우측 끝에는 젓갈을 놓는다.

• **어동육서(魚東肉西)**
생선은 동쪽에 놓고 육류는 서쪽에 놓는다.

• **두동미서(頭東尾西)**
생선의 머리는 동쪽을 향하게 하고 꼬리는 서쪽을 향하게 놓는다.

• **홍동백서(紅東白西)**
과일 중에 붉은색 과일은 동쪽에 놓고 흰색 과일은 서쪽에 놓는다.

• **조율이시(棗栗梨柿)**
좌측부터 대추, 밤, 배(사과), 감(곶감)의 순서로 놓는다.

• **좌면우병(左麵右餠)**
2열 좌측에 국수를 우측에 떡을 놓는다.

• **생동숙서(生東熟西)**
4열 동쪽에 김치를 서쪽에 나물을 놓는다.

• **건좌습우(乾左濕右)**
마른 것은 왼쪽에 젖은 것은 오른쪽에 놓는다.

2. 중국의 상차림

예전에는 8인용, 4인용의 테이블을 사용하여 식사를 하였으나, 최근에는 원탁을 주로 사용하고 있다. 입식의 원탁 테이블로 원형의 회전 테이블 위에 요리를 놓아 서비스를 하기가 쉽다. 중국의 전통 식기는 색상과 문양이 동양적이며 화려하고, 원색적이다. 개인접시의 경우 고급인 것은 은식기를 사용하지만 일반적으로 도자기 식기를 많이 사용한다. 젓가락은 25cm 정도의 길이로 끝부분이 뭉툭하며 길고 두꺼운 형태이다. 젓가락 받침대를 사용하기도 한다. 중국의 정식 테이블에는 냅킨, 조미료병, 조미료 접시, 개인접시, 렝게, 렝게 받침, 젓가락, 젓가락 받침이 올라간다.

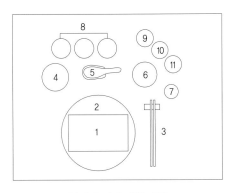

1. 냅킨
2. 개인접시
3. 젓가락과 젓가락받침
4. 조미료접시
5. 렝게와 렝게받침
6. 찻잔
7. 술잔
8. 기본반찬
9. 간장
10. 라유
11. 식초

중국 요리의 기본 세팅

3. 일본의 상차림

일본의 상차림은 독상을 기본으로 하며, 개별식으로 숟가락을 거의 사용하지 않고 젓가락만 사용한다. 계절감을 요리, 식기, 인테리어 등 식공간 전체에 표현한다. 자연을 그릇 안에 표현하고자 하며 오미(五味: 단맛, 신맛, 짠맛, 쓴맛, 매운맛), 오색(五色: 청색, 황색, 적색, 백색, 흑색), 오법(五法: 생식, 굽는 것, 끓인 것, 튀기는 것, 찌는 것)에 따라 조화를 이루도록 하는 것을 중요하게 생각한다. 전통적인 일본의 상차림에 서양의 테이블 세팅이 더해져서 새롭게 탄생한 상차림을 모던 재패니스크Modern Japanesque라고 한다.

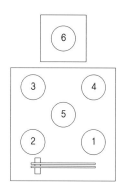

1. 혼주우 : 된장국
2. 고항 : 밥
3. 히라 : 니모노(조림)
4. 나마스 : 초회 · 초무침
5. 고우노모노 : 쓰케모노(절임)
6. 야키모노 : 생선 통구이

일본 요리의 기본 세팅

✳ 계절에 따른 장식

겨울 : 송이, 매실, 동백
봄 : 벚꽃, 목단, 수선화, 산나물
여름 : 수국, 새우
가을 : 단풍, 국화, 달, 토끼, 포도, 갈대
사계절 : 사군자

---

4. 동남아시아의 상차림

1) 태국

준비된 요리를 반상이나 바닥에 한꺼번에 차려 놓고 둘러앉아 손으로 먹는다. 대부분 식자재를 잘게 썰어서 요리하기 때문에 나이프의 사용은 거의 없다. 푸른색의 자기 종류로 된 식기가 많으며 대나무를 잘라서 옻을 칠한 그릇이나 접시를 사용한다.

2) 베트남

베트남 테이블의 기본 세팅은 개인접시인 작은 질그릇과 숟가락, 젓가락이다. 젓가락 위에 질그릇을 반드시 엎어 놓아야 하며 숟가락은 국을 먹을 때만 사용한다. 전통적으로 요리를 상 위에 모두 차려놓고 개인이 각자의 접시에 덜어 먹는다.

3) 인도

　금속으로 만든 작고 움푹한 그릇에 요리를 담아서 커다란 원형의 접시인 탈리Thali에 담는다. 탈리 안에 난, 차파티, 달, 커리, 다히 등을 같이 먹는다. 보통 식사 전에 손을 씻고 손으로 요리를 먹는다.

FOOD STYLING

PART
14

파티 플래닝

파티 플래닝

1. 파티의 개념

파티란 '친목 도모와 기념일을 위한 잔치나 사교적인 모임'으로 정의할 수 있다. 우리나라의 경우 개화기에 서양문화가 도입되면서 파티의 개념이 들어왔고 1990년대 후반기를 지나면서 대중적으로 확산되었다. 현대사회에서 사람이 모여 정보교환을 하고 자기 개발과 원만한 인간관계를 유지할 수 있게 해주는 파티는 커뮤니케이션의 수단으로 자리 잡았다.

2. 파티 플래너의 역할

현대인의 다양한 라이프 스타일과 생활패턴에 따라 서로 다른 사람들로 하여금 공통의 기분 전환법과 자기 개발에 대한 공감대 형성이 필요해지고 있다. 이러한 테마의 해결책으로 새로운 사람들과의 만남, 친목, 감동을 함께 선사하는 파티 문화가 필요하게 되었다. 따라서 파티 플래너는 이러한 일을 주도적으로 수행함과 동시에 새로운 아이디어와 이벤트의 형태를 제시해야 한다.

1) 파티 플래너의 개념

파티를 기획·세팅하고, 파티의 전반적인 것을 총괄하는 사람이라고 할 수 있다. 파티 플래너는 친구, 가족의 모임에서부터 이벤트, 국제회의 등의 연회에 이르기까지 크고 작은 파티의 기획부터 진행을 책임지는 총 연출가이다.

2) 파티 플래너의 자질

대인관계, 미적 감각, 요리실력, 책임감과 체력, 마케팅 능력, 홍보능력, 끈기, 인내가 필요하다. 또한 매니지먼트, 인테리어 스타일링, 플라워 등에 이르기까지 한계가 없다. 오감을 모두 자극할 수 있는 연출이 필요하기 때문에 색채, 음악, 조형을 비롯한 시청각적인 감각을 꾸준히 키우는 것도 필요하다. 파티 플래너를 꿈꾸려면 여러 분야에 많은 관심을 가지고 문화적 소양과 교양을 쌓고, 식문화와 식공간에 다양한 식견이 필요하다. 미적 감각을 기르고, 음악, 미술, 패션 등 전문 분야에 대한 관심과 공부를 게을리해서는 안 되며, 경쟁력 차원에서 외국어를 할 줄 아는 것이 좋다. 그러나 이러한 실무기술에 앞서 인간이 가지고 있는 친절함이나 배려를 다른 사람에게 전달하는 'Hospitality'가 우선되어야 한다. 파티의 중심이 바로 사람이라는 인식과 자신감, 열정 그리고 자기만의 개성은 파티 플래너가 갖추어야 할 자질이다.

3. 파티의 분류 및 종류

1) 파티의 분류

파티는 크게 5가지로 나눌 수 있다.

(1) 기능적 분류

① 식사판매를 위한 목적

식사의 판매를 목적으로 하고 있으며, 가벼운 식사에서부터 정찬에 이르기까지 다양한 형태의 식사가 제공된다. 식사의 목적과 종류에 따라 드레스의 형태나 시간이 다르게 정해지기도 한다.

아침, 뷔페, 런천, 칵테일 파티, 저녁, 티 파티 등

② 장소 판매를 위한 목적

특정 장소의 홍보나 행사를 판매하기 위한 파티를 뜻한다. 연주회나 상품 설명회와 같이 관객을 유도하여 장소에 많은 사람이 모일 수 있게 하는 목적성을 지닌다.

전시, 패션쇼, 세미나, 상품설명회, 강연회, 간담회, 연주회 등

(2) 장소별 분류

① 호텔 내의 파티

레스토랑이나 호텔과 같이 지정된 업장에 손님이 방문하여 즐기는 파티를 의미한다. 이미 완성된 인테리어와 식공간 연출을 통하여 안정적이고 고급스러운 분위기를 즐길 수 있다.

연회장, 결혼식, 생일, 출판기념, 정년퇴임식 등

② 출장 파티

업장에서 조리된 요리를 가지고 출장 나가서 연출하는 파티로 공간의 연출과 장소의 상황에 따라 다른 분위기를

연출하게 된다. 바비큐 파티와 같은 경우는 현장에서 라이브로 요리를 조리하는 경우도 있기 때문에 모든 상황을 미리 예상하여 준비해야 할 필요가 있다.

출장연회, 옥외파티, 가든파티 등

(3) 목적별 분류

행사의 목적에 따른 분류를 뜻하며 그 목적에 따라 연출, 요리의 종류, 음악, 색상이 달라진다.

① 가족모임

약혼식, 피로연, 생일잔치, 결혼기념파티, 회갑연, 고희연, 돌잔치 등

② 회사행사

이·취임식 파티, 개점기념 파티, 행사파티, 창립기념 파티, 사옥이전 파티, 승진 파티 등

③ 학교행사

입학·졸업 파티, 사은회, 동창회, 동문회 등

④ 정부행사

국빈행사, 정부수립행사, 기타

⑤ 기관, 단체행사

국제행사, 심포지엄, 정기총회, 이사회 등

⑥ 기타 행사

신년하례식, 송년회, 국제회의, 기자회견, 각종 이벤트 행사 등

(4) 요리별 분류

요리의 종류와 형태에 따라 파티의 종류도 다르게 나뉜다. 일반적으로는 나라별 요리, 찬 요리, 더운 요리로 나눈다.

양식 파티Western, French, 한식 파티Korean, 다과회Tea Party,

중식 파티Chinese, 일식 파티Japanese, 칵테일 파티Cocktail, 뷔페 파티Buffet, 바비큐 파티Barbecue

(5) 시간별 분류

시간의 흐름에 따라 나뉘는 분류이다.

① 아침(Breakfast)

식욕을 돋우고 소화가 잘되는 요리로 차린다. 일반적으로 빵, 주스, 과일, 시리얼, 달걀, 베이컨, 커피, 홍차 등을 준비한다.

② 점심(Lunch)

단백질 요리를 첨가하여 아침보다 풍성하게 차린다. 일반적으로 수프, 샌드위치나 핫도그, 샐러드, 후식, 음료 등을 올린다.

③ 저녁(Dinner)

점심을 가볍게 먹었을 때는 저녁을 갖추어 먹는다. 일반적으로 수프, 육류(생선)요리, 샐러드, 빵, 후식, 음료 등을 차린다.

2) 파티의 종류

(1) 테이블서비스 파티(Table Service Party or Dinner Party)

가장 품격 있고 격식을 갖춘 연회로 비용도 높다. 사교적 모임이나 비즈니스 관계 또는 국제적인 행사 그리고 어떤 중요한 목적이 있을 때 개최되는 연회이다. 초대장을 보낼 때는 연회의 취지와 주빈의 성명을 기재해야 한다. 초대장에 복장에 대한 명시를 해야 하며, 명시가 없을 경우 정장을 입어야 한다. 유럽의 디너파티에는 예복(턱시도)을 입고 참석한다. 연회가 결정되면 식순이 정해지고 연회장 입구에 테이블 플랜(배치도)을 놓는다. 식사 전 리셉션 칵테일 시간을 가진다. 식전 칵테일 파티가 없으면 안내를 받아 자신의 의자에 앉는다. Receiving Line을 이루어 손님을 맞이한다. 코스에 따라 요리가 제공되는 연회(5가지, 8~9

코스까지 제공)로 서버가 요리를 코스에 따라 서비스한다.

(2) 칵테일 파티

칵테일 파티는 여러 가지 주류와 음료를 제공하고 한 사람당 3잔 정도의 기준으로 이루어진다. 요리는 오드블, 카나페를 곁들이면서 입식형태로 이루어지는 파티를 말한다. 즐거운 대화가 목적이므로 많은 손님을 초대할 수 있다. 정찬 파티에 비해 비용이 적게 들며 지위 고하를 막론하고 자유롭게 이동하면서 담소할 수 있다. 가벼운 복장으로 참석 가능한 파티이다.

(3) 뷔페 파티

① 스탠딩 뷔페 파티(Fork or Standing Buffet Party)

자리에 착석하지 않고 서서 즐기는 파티로 국물이 있거나 뜨거운 요리보다는 국물이 없으며 차가운 상태의 요리를 준비하는 것이 좋다. 들고 먹는 것이 불편할 수 있으므로 작고 가벼운 요리를 준비하고 경쾌한 음악을 준비한다.

스탠딩 뷔페는 일반 뷔페에 비해 형식에 덜 구애받지만 식탁 없이 먹기가 편치 않기 때문에 적게 먹고 빨리 이동하는 경우가 많다.

② 테이블(착석) 뷔페 파티(Sitting Buffet Party, Full Buffet Party)

풀 뷔페는 테이블에 앉아서 즐기는 메인 식사이다. 손님이 앉을 수 있는 테이블과 의자가 있어야 하며 접시, 잔, 커틀러리 등이 모두 구비되어 있어야 한다. 요리는 전채요리, 수프, 생선, 육류, 야채, 디저트 등 다양하게 차려 놓아야 한다. 스스로 요리를 가져와 테이블에 앉아서 즐기는 형태로 대부분의 뷔페 레스토랑에서 선택하는 방법이다.

뷔페는 일정가격을 지불하고 원하는 만큼 먹을 수 있는 오픈 뷔페Open Buffet와 정해진 손님 수에 따라 정해진 요리가 제공되고 이에 따라 일괄적인 값을 지불하는 클로스 뷔페Close Buffet 가 있다.

③ 조식 뷔페 파티(Breakfast Buffet Party)

아침에 즐기는 뷔페로 잉글리시 브렉퍼스트와 콘티넨탈 브렉퍼스트가 모두 준비되어서 제공된다. 최근에는 일식, 중식, 한식과 같이 아시안 푸드가 같이 준비되는 경우도 많기 때문에 취향에 따라 즐길 수 있다.

④ 간이 뷔페 파티(Finger Buffet Party)

정식의 뷔페 테이블을 설치하지 않고 간단한 간이 테이블에 상차림을 연출한다. 이때는 무거운 요리보다는 가볍고 간단한 요리 위주로 메뉴를 연출하는 것이 좋다.

⑤ 가정 뷔페(Buffet in the House)

가정에서 이루어지는 뷔페 파티로 호스트의 의도에 따라 파티의 형태가 결정된다.

(4) 리셉션 파티(Reception Party)

① 식사 전 리셉션(Pre-meal Reception)

식사 전에 리셉션을 가지는 목적은 일정시간에 이르기까지 손님들이 모여서 교제할 수 있도록 하는 데 있다. 이 시간에는 다과와 같이 한 입에 먹을 수 있는 크기의 간단한 요리를 제공한다. 스위트 품목은 식사 전에 제공되어서는 안 된다. 주류의 종류는 대체로 셰리주, 위스키 소다Whisky and Soda, 진토닉Gin and Tonic을 준비한다. 알코올 성분이 없는 청량음료도 제공되며 과일주스, 과일 스쿼시 등도 제공된다. 리셉션의 장소는 손님들이 부딪치지 않을 정도로 충분한 공간이 있어야 한다. 보통 식사 시작 30분 전에 열리므로 초대장에 시간에 대한 문구를 삽입하도록 한다.

② 풀 리셉션(Full Reception)

리셉션만 베풀어지는 행사를 의미한다. 한번 제공된 요리들로만 채워지고 코스에 따라 바뀌는 요리나 추가로 제공되는 요리는 없다. 보통 한 시간 반에서 두 시간 정도 진행되며, 제공되는 요리는 카나페, 샌드위치, 치즈, 작은 패티, 칵테일, 세이보리 등이다. 식사 전 리셉션의 요리보다는 식사가 가능한 메뉴의 구성이어야 하며, 따뜻한 요리와 차가운 요리로 다양하게 구성해야 한다.

식사 전 리셉션에는 보통 독한 술Hard Liquor을 제공하지만, 풀 리셉션에선 디너와 뷔페에서와 같이 손님들에게 와인을 제공하여도 된다. 레드와인, 화이트와인, 로제와인 등을 준비하여 손님이 선택하여 마실 수 있도록 한다.

(5) 티 파티(Tea Party)

일반적으로 간단하게 개최하는 것을 티 파티라 한다. 칵테일 파디와 마찬가지로 입식형식으로 제공되지만 의자를 준비하는 경우도 있다. 커피, 홍차를 겸한 음료, 과일, 샌드위치, 쿠키 등을 곁들여 낸다. 보통 회의, 좌담회, 발표회 등에서 많이 하는 파티이다.

3) 목적에 따른 파티

(1) 샤워 파티(Shower Party)

축하할 일이 있을 때 축하 선물을 샤워처럼 적셔 준다는 의미를 지닌 파티이다. 출산을 축하하기 위한 베이비 샤워 파티나 결혼을 축하하기 위한 브라이덜 샤워 파티가 그 대표적인 사례이다. 초대를 받은 사람들은 반드시 선물을 준비하는 것이 좋다.

(2) 무도회와 댄스파티(Ball and Dance)

사교적인 모임에 해당되며 대부분 만찬이 끝난 후에 진행된다. 무도회는 시간이 길어지는 특징을 지니고 있으므로 중간에 간단한 야식이 제공되기도 한다.

(3) 결혼식 및 피로연 파티(Wedding Party)

결혼식이 끝난 후 결혼식에 참가한 사람들이 다 같이 즐기는 파티이다.

(4) 핼러윈 파티(Halloween Party)

10월 31일을 미국에서는 핼러윈Halloween 절기로 지킨다. 겨울이 시작되는 이날 죽은 자들이 강력한 영들의 힘을 가지고 이 땅을 배회하며 돌아온다고 생각했다. 악령들을 물리치기 위해서 귀신이 자기 집으로 오기 전에 귀신 복장을 하거나 집 앞을 으스스하게 꾸며 놓아 귀신을 속여 다른 집으로 가도록 하든지, 귀신에게 요리를 대접하여 귀신으로부터 해를 받지 않고 무사히 보내기를 기원하면서 즐기는 파티이다.

4) 장소에 따른 파티

(1) 출장연회(Delivery Service)

외식업소에서 이미 요리의 조리를 마친 상태에서 외부의 의뢰받은 장소로 준비된 요리를 가지고 나가서 연출하는 파티를 의미한다.

(2) 옥외파티(outdoor catering)

현대인의 라이프 사이클의 변화에 따라 전원생활과 레포츠를 즐기는 사람이 늘어나고 있다. 따라서 옥외에서 간단한 식재료를 이용해 식사를 즐기기도 한다.

① 바비큐파티(Barbecues Party)

원래의 '바비큐Barbecues'는 옥외용 숯불구이 석쇠를 뜻한다. 그러나 옥외파티Outdoor Party의 의미로 사용될 때는 석쇠구이Grilling를 포함한 다양한 요리방법으로 확대시킬 수 있다. 집 안뜰에 설치해 놓은 영구석쇠, 자동적으로 쇠꼬치가 돌아가는 휴대형 그릴, 캠프 파이어Camp Fire까지 모두 가능하다.

② 피크닉 파티(Picnic Party)

피크닉 파티는 말 그대로 야외로 나가서 하는 파티로 가족, 회사 동료 등의 형태로 다양하게 이루어지고 있다. 미리 준비해서 바구니에 담아온 찬 요리들을 서브하고 얇게 썰어야 될 조류나 육류의 콜드 로스트와 파이 그리고 무스류, 젤리, 과일류를 준비한다.

③ 가든 파티(Garden Party)

좋은 날씨를 선택하여 정원이나 경치 좋은 야외에서 하는 파티를 말한다. 영국 황실의 버킹엄 궁전 뜰에서 베풀어지는 로열 가든 파티는 세계적으로 유명하다. 푸른 잔디밭과 아름다운 정원을 갖추고 있는 장소면 가든 파티를 할 수 있다. 가든 파티는 다른 형식의 옥외 파티와는 달리 정장차림으로 참석해야 한다. 요리는 한입 크기로 준비하고 맛좋은 품목으로 훌륭한 접시 위에 예쁘게 담아 낸다.

보통 오후에 열리며 차Tea와 함께 싱싱한 레몬, 오렌지 스쿼시를 음료로 준비한다. '음료' 항목에 알코올이 함유되지 않은 차가운 음료도 포함시켜서 서브할 수 있다.

국내 서적

감성만족컬러마케팅 / I.R.I색채연구소 / 영진닷컴 / 2004

공간디자인과 조형연습 / 함정도 외 / 기문당 / 2003

동양화구도론 / 왕백민 / 미진사 / 1997

기초디자인 / 김인혜 / 미진사 / 2004

기초 디자인 / 남호정 외 / 안그라픽스 / 2003

기초 디자인 / 권상구 / 미진사 / 1999

김영애의 특별한 파티 테이블 / 김영애 / 웅진씽크빅 / 2006

개정판 요리와 소스 / 최수근 외 / 형설출판사 / 2008

드로잉과 기초디자인 / 윤민희 외 / 예경 / 2001

디자인! 디자인? / 한국미술연구소 / 시공사 / 1997

디자이너를 완성하는 포트폴리오 / 신지혜 외 / 영진닷컴 / 2003

디자인 방법론 / 최성운 / 조형사 / 2002

디자인 방법론 연구 / 임연웅 / 미진사 / 2000

사진 노트 II / 황동남 / 인앤인출판 / 2009

사진의 구도 & 구성 / 박동철 / 넥서스BOOKS / 2007

실전 사진 촬영을 위한 DSLR BIBLE / 김완모 / 성안당 / 2007

색과 구도입문 / 최연주 / 삼호미디어 / 1996

색색가지세상 / 권영걸 / 도서출판국제 / 2001

색채와 디자인 / 유한나 외 / 백산출판사 / 2010

색채와 푸드스타일링 / 김경미 외 / 교문사 / 2006

색채의 원리 / 김진한 / 시공아트 / 2002

입체조형 / 고창균 편저 / 조형사 / 1994

입체조형과 새로운 공간 / 오근재 / 미진사 / 2004

입체조형의 이해 / 김미옥 외 / 그루 / 2000

유행색과 컬러 마케팅 / I.R.I 색채연구소 / 영진닷컴 / 2003

자연이 주는 디자인 / 임시룡 / 창지사 / 2001

점·선·면·회화적인 요소의 분석을 위하여, 칸젠스키의 예술론 II/ W. Kandinsky / 열화당 미술 책방 002 / 2004

조형의 기초와 분석 / 김춘일 외 / 미진사 / 1996

조형의 원리 / 데이비드 라우어 / 이대일 / 예경 / 2002

조형예술원론 / 오춘란 / 동아대학교출판부 / 2003

조형예술학연구5 / 편집부 / 조형사 / 2003

조형의 원리 / 라우어 / 예경 / 2002

좋은 사진을 만드는 사진구도 / 정승익 / 한빛미디어(주) / 2006

좋은 사진을 만드는 노출 / 정승익 / 한빛미디어(주) / 2007

중학교 1학년 교사용 지도서 / 노영자 외 / 교학사 / 2002

컬러리스트 / 우석진 외 / 영진닷컴 / 2005

컬러코디네이터 검정시험 3급 / 도쿄상공회의소 / 하트앤컬러코리아 / 2005

테이블코디네이트 / 김진숙 외 / 백산출판사 / 2008

테마별로 찍어보는 디지털 카메라 / 김형준 외 / 정보문화사 / 2005

파티 플래닝/ 김진숙 외 / 교문사 / 2007

포토샵포트폴리오디자인 / 문영희 / 정보문화사 / 2006

포트폴리오만들기 / 이정숙 / 대우출판사 / 2002

포트폴리오 이렇게 만든다 / 디자인하우스 편집부 / 디자인 하우스 / 1998

푸드스타일링 / 김경미 외 / 교문사 / 2006

푸드코디네이트 / 식공간연구회 / 교문사 / 2009

푸드코디네이트개론 / 김수인 / 한국외식정보(주) / 2004

푸드 코디네이트 용어 사전 / 이유주 / 경춘사 / 2005

102가지 Color Training / I.R.I 색채연구소 / 영진닷컴 / 2004

Color Combination / I.R.I 색채연구소 / 영진닷컴 / 2003

PORTPOLIO DESIGN(포트폴리오디자인) / 김영규 외 / 청구문화사 / 2002

월간지

월간 디자인 / 디자인하우스 / 1998년 01월 ~ 12월

전시

2007 TOKYO DOME TABLEWEAR FESTIVAL
2008 TOKYO DOME TABLEWEAR FESTIVAL
2009 TOKYO DOME TABLEWEAR FESTIVAL
서울 디자인 올림픽 2009

참고사이트

www.design.co.kr
www.naver.com
www.google.com

저자 소개

김진숙

경기대학교 식공간연출 전공 석사·박사 졸업
연성대학교 호텔외식경영전공 교수
사단법인 한국식공간학회 부회장

김효연

경기대학교 외식조리관리 석사·박사 졸업
유한대학교 호텔외식조리학과 겸임교수
해피펌킨 대표

유한나

경기대학교 식공간연출 전공 석사·박사 졸업
前 연성대학교 호텔외식경영전공 겸임교수
푸드판타지 대표

저자와의
합의하에
인지첩부
생략

푸드스타일링 실무

2023년 9월 5일 초판 1쇄 발행
2025년 1월 31일 초판 2쇄 발행

지은이 김진숙·김효연·유한나
펴낸이 진욱상
펴낸곳 (주)백산출판사
교 정 박시내
본문디자인 신화정
표지디자인 오정은

등 록 2017년 5월 29일 제406-2017-000058호
주 소 경기도 파주시 회동길 370(백산빌딩 3층)
전 화 02-914-1621(代)
팩 스 031-955-9911
이메일 edit@ibaeksan.kr
홈페이지 www.ibaeksan.kr

ISBN 979-11-6567-707-7 93590
값 23,000원